天然活性物质在畜禽生产中的应用

陈俊杰　蒋林树　张　良　主编

中国农业出版社

北京市属高等学校高层次人才引进与培养计划项目
现代农业产业技术体系北京市奶牛创新团队
北京市自然科学基金（6122006）
新世纪百千万人才工程项目

主　编　陈俊杰　蒋林树　张　良

编著人员　苏明富　张　良　李振河　王学军
王秀芹　蒋林树　陈俊杰　张　翼
贾春宝　张庆国　孙春清　王林茹

FOREWORD

前 言

近年来，崇尚自然、回归自然的消费理念逐渐深入人心，人们回归自然界的呼声逐渐增强。天然活性物质因具有天然高效、无污染、性能多样等优点，已成为当前科学技术领域的研究热点。我国土地辽阔，天然资源十分丰富，无论是天然植物、动物、海洋生物还是微生物都有着种类多、分布广的优势。而我国研究及应用天然活性物质有悠久的历史，早在公元前100年就对中草药中活性物质的提取及应用等有详细记述。

在畜禽饲养和饲料生产中起主导作用的活性物质是中草药。中草药是一种具有广阔前景的绿色饲料添加剂，具有天然、高效、毒副作用小、抗药性不显著、资源丰富以及性能多样等优点，在动物饲养上的作用包括促进动物的生长、提高免疫力、抗应激、改善动物产品的质量、饲料调味剂、着色剂使用等。

天然药物一直以来都是人们生活中不可缺少的一部分。随着近年来我国天然药物有效成分提取、分离、纯化及结构研究技术的不断发展和应用，随着人类对安全饮食要求的越来越高，天然药物作为来自植物的“绿色药品”，已受到越来越多消费者的青睐，所以在畜禽生产上对其的应用也是更加迫切和重要。

天然矿物质是指在地壳各种物质的综合作用下（称地质作用）形成的天然单质或化合物，并具有化学式表达的特有的化学成分和相对固定的化学成分。在天然矿物质中，有一部分矿物质具有活性特质，是生物机体组织、细胞的重要组成部分和动物营养的基础物质，并在机体代谢中起重要作用，这类矿物质我们称为天然活性矿物质。在畜牧业上，这类矿物质添加剂的作用日益受到人们的重视，并广泛地应用于动物生产上，并取得了很好的效果。

本书以天然活动物质在畜禽生产中的应用为重点，全面介绍了天然活性物质的种类组成、提取工艺、实际生产应用等内容。希望本书能为广大畜禽养殖业从事者提供学习参考。

因编者水平和涉猎范围有限，书中难免存在一些缺点和错误，不当之处恳请指正。对本书所应用的资料及提供文献的同道者，以及关心帮助过我们的同志在此一并致谢。

编　者

2013年12月

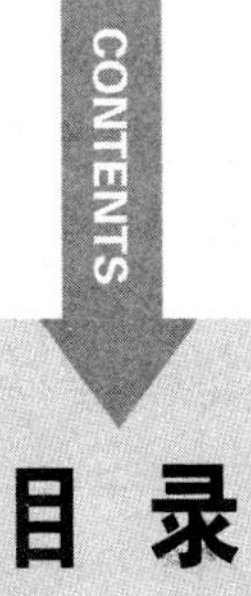

目 录

第一章

天然活性物质的概念与组成

现在活性物质的说法很多，天然活性物质范围非常广。一般来讲，天然活性物质是指天然生成的或从天然动植物中经过加工、提纯而成的，具有一定活性特征并对其他生命特征产生特定影响的物质。从分类来讲，天然活性物质简单可以分为以下几大类：生物天然活性物质、植物天然活性物质和矿物天然活性物质。

第一节　生物天然活性物质

生物天然活性物质是指一类植物或动物内源性物质，也指有助于促进动物生理功能，调节机体机制平衡，增强活力的基原物质。生物天然活性物质是通过精细化工、生物化学技术从天然原料中提取分离出的具有独特功能和生物活性的化合物。它被认为是可代替化学合成药物且安全性能好的绿色饲料添加剂。许多研究发现，它不仅能增强家禽机体的免疫功能，还可提高饲料利用率和生产性能，减少了动物的用药量，有利于有机畜禽产品的生产。

近年来，国外对此类物质的研究及应用正方兴未艾；世界卫生组织、联合国粮农组织及欧、美、日等国家和地区极为重视该类物质的作用，用于防止种种化学药物所造成全球性的环境污染，以及在人、畜、水产品中残留威胁人类健康。生物天然活性物质在我国的研究及应用也有悠久的历史，早在公元前100年西汉刘安《淮南子·万毕出》、《神农本草经》及16世纪李时珍《本草纲目》中就有菌陈等活性物质的提取及应用等详细记述。

本章将重点介绍几种生物天然活性物质，主要有生物活性肽、多糖、挥发油等。

一、生物活性肽

生物活性肽是蛋白质中20个天然氨基酸以不同组成和排列方式构成的从二肽到复杂的线性、环形结构的不同肽类的总称，是源于蛋白质的多功能化合物。活性肽具有多种人体代谢和生理调节功能，易消化吸收，有促进免疫、激素调节、抗菌、抗病毒、降血压、降血脂等作用，食用安全性极高，是当前国际食品界最热门的研究课题和极具发展前景的功能。

大豆蛋白中蕴藏着丰富的肽资源，如果能将大豆蛋白降解成为具有多种生物活性的肽段，制成成本低、安全高效的饲料添加剂，将在动物生产中发挥不可忽视的作用。

按照功能的不同，生物活性肽可分为以下几类。

（一）生理活性肽

1. 抗菌肽和抗病毒多肽 包括由细菌与真菌而来的环肽、糖肽、脂肽等；另外，从蚕豆这种豆类植物中也获得了植物抗菌肽，但它只对革兰氏阳性和阴性细菌有效，而对酵母无效；有学者研究了真核和原核生物中核糖体合成的抗菌肽，如：杆菌素、昆虫防御素、attacin和脊椎动物中的抗菌肽。

目前，天然抗菌肽在医药上的应用较常见，运用到食品工业上有部分取代化学防腐剂的趋势。

2. 神经活性肽 主要存在于牛乳、鲔鱼、大豆及其他豆类等许多食品蛋白质的水解物中，如酪激肽、乳啡肽、α-内啡肽、亮氨酰-脑啡肽、甲硫氨酰-脑啡肽。它们能调节神经的信息传递，现已成为食品药理学的焦点之一。

3. 酶调节及抑制肽　这类多肽参与了许多生化代谢的途径，其中可以抑制血管收缩素转换酶活性的多肽已经被用作抗高血压的药剂，其蛋白质序列C端多半为脯氨酸，且可以在牛乳酪蛋白、鱼肌肉、玉米蛋白质等水解物及许多发酵食品中发现。

4. 激素及激素调节肽　包括垂体后叶催产素、促肾上腺皮质激素、垂体后叶加血压激素、生长激素抑制素等，它们具有促进平滑肌收缩、促进类固醇合成以及促进血管收缩的功能。

5. 免疫活性肽　它分为内源免疫活性肽和外源免疫活性肽两种。内源免疫活性肽包括干扰素、白细胞介素和β-内啡肽，它们是激活和调节机体免疫应答的中心。外源免疫活性肽主要来自于人乳和牛乳中的酪蛋白。免疫活性肽具有多方面的生理功能，它不仅能增强机体的免疫能力，在动物体内起重要的免疫调节作用；而且还能刺激机体淋巴细胞的增殖和增强巨噬细胞的吞噬能力，提高机体对外界病原物质的抵抗能力。

（二）其他生物活性肽

科学工作者已从植物和动物蛋白质中分离出了多种毒素，如：蓖麻蛋白、刀豆球蛋白、红豆碱和蜂毒等具有抑制酶（尤其是胃蛋白酶）活性的多肽在豆类植物中被发现，这类酶抑制肽会降低蛋白质的生物利用率，但有趣的是，它们在体内却有抑制癌变的潜力；其他食物来源肽，如磷蛋白肽可与二价或三价微量元素（钙、镁和铁）螯合而加快矿物质在体内的运输；一些食物来源肽还具有微妙的生理作用，如来自奶酪乳清中的“唾液酪蛋白巨肽”对食欲有控制作用。

长期以来，对多肽的研究集中在内源生物活性肽的医学作用上，而它们在食品质构中的作用则是最近的研究热点。已经认识到多肽对食品感官风味存在一定的影响，在有些食品中（尤其是奶酪），它的苦味、甜味、酸味以及肉汤味和杏仁味的产生都认为与乳蛋白水解产生的某些肽类有关。有的研究还发现，多肽对提高冻藏肉的风味也有贡献，在最近几年内，已有大量食品来源的多肽被分离和鉴定，其开发重点是食品甜味剂、抗氧化剂、风味剂和营养强化剂。

1. 感官肽 感官肽是能够调节食品的品质、感观和口味的一类肽的总称。包括苦味肽、酸味肽、甜味肽、碱性肽等。

甜味肽典型的代表是二肽甜味素和阿力甜素，它们具有味质佳、安全性高、热量低等特点。其中二肽甜味素已经被70多个国家批准在500余种食品和药品中应用，可用于增强食品的甜度，调节风味。此外，赖氨酸二肽被证明是二肽甜味素有效的替代品，其不含酯的功能特性，在食品加工和贮藏过程中更加稳定。

苦味是有些食品如啤酒、咖啡、奶酪等的重要口感组分。碱性二肽如鸟氨酸-β-丙氨酸呈现出强烈的苦味，谷氨酸低聚物常常被用作很多食品的苦味成分。目前，研究人员已从发酵食品和酪蛋白的酶解产物中分离出苦味肽。

某些碱性二肽，如鸟氨酰牛磺酸-氢氯化物、鸟氨酰基-β-丙氨酸-氢氯化物表现出强烈的咸味。但研究发现，肽类在缺少氯化氢条件下是无咸味的。其可发展成为高钠调味品的替代品。

2. 抗氧化肽 某些食物来源的肽具有抗氧化作用，其中人们最熟悉的是存在于动物肌肉中的一种天然二肽——肌肽。据报道，抗氧化肽可抑制体内血红蛋白、脂氧合酶和体外单线态氧催化的脂肪酸败作用。此外，从蘑菇、马铃薯和蜂蜜中鉴别出几种低分子量的抗氧化肽，它们可抑制多酚氧化酶的活性，可直接与多酚氧化酶催化后的醌式产物发生反应，阻止聚合氧化物的形成，从而防止食品的棕色反应。通过清除重金属离子以及促进可能成为自由基的过氧化物的分解，一些抗氧化肽和蛋白水解酶能降低自动氧化速率和脂肪的过氧化物含量。

3. 表面活性肽 酶水解蛋白质时常会破坏蛋白质的功能性

质。但在某些情况下，酶水解却能提高蛋白质的功能性质，这一方面是由于产生了具有较低结构级数（二级）的多肽，另一方面是由于提高了蛋白质在等电点附近的溶解度。通常从酪蛋白、乳清蛋白、大豆蛋白和面筋蛋白水解物中获得多肽，它们在食品中就具有很好的稳定性和乳化能力，从而改善了酪蛋白的功能性质。此外，对蛋白质进行适度水解，还可以提高其起泡性。在啤酒泡沫的成分中，含高分子多肽、糖肽和类黑精，这些表面活性剂对泡沫的形成和稳定起着关键的作用。

4. 营养肽　对人或动物的生长发育具有营养作用的肽，称为营养肽。如蛋白质在肠道内酶解消化可释放游离的氨基酸和肽。大量研究表明，蛋白质和肽除可直接供给动物机体氨基酸需要外，对动物生长还有一些特殊的额外作用。以游离氨基酸代替完整蛋白质的数量是有限的，低蛋白日粮无论如何平衡氨基酸都无法达到高蛋白日粮的生产水平。动物日粮中蛋白质的重要性部分体现在小肠部位可以产生具有生物活性的肽类。肽类的营养价值高于游离氨基酸和完整蛋白质。

二、多糖

多糖是由多个单糖分子缩合、失水而成，是一类分子机构复杂且庞大的糖类物质。多糖是所有生命有机体的重要组成成分并与维持生命所必需的多种功能有关，大量存在于藻类、真菌、高等陆生植物中。具有生物学功能的多糖又被称为“生物应答效应物”或活性多糖。很多多糖都具有抗肿瘤、免疫、抗补体、降血脂、降血糖、通便等活性。

多糖来源十分丰富，广泛存在于动物、植物、微生物（细菌和真菌）和海藻中（如植物的种子、茎和叶，动物黏液，昆虫及甲壳动物的壳真菌，细菌的胞内外等），从动植物器官组织、菌类及微生物发酵产物中可得到不同种类的多糖。按其来源可分为高等植物多糖、动物多糖、微生物多糖、藻类多糖。

活性多糖广泛存在于动物、植物和微生物细胞壁中，毒性小、安全性高、功能广泛，具有非常重要与特殊的生理活性，是由醛基和酮基通过苷键连接的高分子聚合物，也是构成生命的四大基本物质之一。某些多糖，如纤维素和几丁质，可构成植物或动物骨架。淀粉和糖原等多糖可作为生物体储存能量的物质。不均一多糖通过共价键与蛋白质构成蛋白聚糖发挥生物学功能，如作为机体润滑剂、识别外来组织的细胞、血型物质的基本成分等。

（一）膳食纤维

膳食纤维定义为："凡是不能被人体内源酶消化吸收的可食用植物细胞、多糖、木质素以及相关物质的总和"。这一定义包括了食品中的大量组成成分如纤维素、半纤维素、木质素、胶质、改性纤维素、黏质、寡糖、果胶以及少量组成成分，如蜡质、角质、软木质。

膳食纤维有许多种分类方法，根据溶解特性的不同，可将其分为不溶性膳食纤维和水溶性膳食纤维两大类。

不溶性膳食纤维是指不被人体消化道酶消化且不溶于热水的那部分膳食纤维，是构成细胞壁的主要成分，包括纤维素、半纤维素、木质素、原果胶和动物性的甲壳素和壳聚糖，其中木质素不属于多糖类，是使细胞壁保持一定韧性的芳香族碳氢化合物。

水溶性膳食纤维是指不被人体消化酶消化，但溶于温水或热水且其水溶性又能被 4 倍体的乙醇再沉淀的那部分膳食纤维。主要包括存在于苹果、橘类中的果胶，植物种子中的胶，海藻中的海藻酸、卡拉胶、琼脂和微生物发酵产物黄原胶，以及人工合成的羧甲基纤维素钠盐等。

按来源分类，可将膳食纤维分为植物来源、动物来源、海藻多糖类、微生物多糖类和合成类。植物来源的有：纤维素、半纤维素、木质素、果胶、阿拉伯胶、愈疮胶和半乳甘露聚糖等；动物来源的有：甲壳素、壳聚糖和胶原等；海藻多糖类有：海藻酸盐、卡拉胶和琼脂等；微生物多糖如黄原胶等；合成类的如羧甲基纤维素等。其中，植物体是膳食纤维的主要来源，也是研究和应用最多的一类。中国营养学会将膳食纤维分为：总的膳食纤维、可溶膳食纤维和水溶膳食纤维、非淀粉多糖。

（二）真菌纤维

近年来，真菌多糖的研究已成为糖生物学研究的一个热点。真菌多糖是目前最有开发前途的保健食品和药品新资源之一，其生物活性也是保健食品功能因子的研究热点。

真菌多糖是从真菌子实体、菌丝体、发酵液中分离出的由10个分子以上的单糖通过糖苷键连接而成的高分子多聚物，是一类可以控制细胞分裂分化、调节细胞生长和衰老的活性多糖，是当今医药和食品工业共同关注的焦点。国内外已从高等担子菌中筛选到200多种有生物活性的多糖物质，目前市场上投放的真菌多糖类保健品已有上百种之多。真菌多糖在免疫功能的调节、肿瘤的抑制、抗衰老及调节血压、血脂等方面都有着重要的作用。

三、挥发油

挥发油又称精油，是存在于植物中的一类具有芳香气味、可随水蒸气蒸馏出来而又与水不相混溶的挥发性油状成分的总称，大部分具有香气，如薄荷油、丁香油等。挥发油为混合物，其组分较为复杂，主要通过水蒸气蒸馏法和压榨法制取精油。挥发油成分中以萜类成分多见，另外，尚含有小分子脂肪族化合物和小分子芳香族化合物。

含挥发油的中草药非常多，亦多具芳香气，尤以唇形科（薄荷、紫苏、藿香等）、伞形科（茴香、当归、芫荽、白芷、川芎等）、菊科（艾叶、茵陈蒿、苍术、白术、木香等）、芸香科

（橙、橘、花椒等）、樟科（樟、肉桂等）、姜科（生姜、姜黄、郁金等）等科更为丰富。含挥发油的中草药或提取出的挥发油大多具有发汗、理气、止痛、抑菌、矫味等作用。

精油较为人所熟知的功效，不外乎舒缓与振奋精神这种较偏向心理上的功效，但是精油的功效不仅于此。不同种类的精油还有各种不同的功效，对于一些疾病，也有舒缓和减轻症状的功能。精油对许多的疾病都很有帮助，配合药物的治疗，可以让疾病恢复得更快。并且可以起到净化空气、消毒、杀菌的功效，同时可以预防一些传染性疾病。精油对于内分泌、新陈代谢、泌尿系统、免疫系统、肌肉、骨骼疾病、皮肤疾病、身体的症状与疾病、神经系统与精神疾病、呼吸系统方面的疾病、血液循环系统方面的疾病、消化系统方面的疾病及眼、耳、鼻、口腔、牙齿疾病有很不错的疗效。

四、黄酮类

黄酮类化合物是广泛存在于自然界的一大类化合物，多具有颜色。它们分子中有一个酮式羰基，第一位上的氧原子具碱性，能与强酸成盐，其羟基衍生物多具黄色，故又称黄碱素或黄酮。黄酮类化合物在植物体中通常与糖结合成苷类，小部分以游离态（苷元）的形式存在。

黄酮类化合物广泛存在于植物中，实际上存在于植物的所有部分，包括根、心材、树皮、叶、果实和花中，光合作用中约有2%的碳源被转化成类黄酮，它在植物的生长、发育、开花、结果以及抗菌防病等方面起着重要的作用。

黄酮类化合物中含有消炎、抑制异常的毛细血管通透性增加及阻力下降、扩张冠状动脉、增加冠脉流量、影响血压、改变体内酶活性、改善微循环、解痉、抑菌、抗肝炎病毒、抗肿瘤具有重要生物活性的化合物，有很高的药用价值。中草药含黄酮类化合物的很多，已经证明类黄酮是许多中草药的有效成分。例如满山红中的杜鹃素、小叶枇杷中的小叶枇杷素、矮地茶中的槲皮苷、铁包金中的芦丁、白毛夏枯草和青兰中的木樨草素、红管药中的槲皮素、葛根中的黄豆苷与葛根素、毛冬青与银杏叶中的黄酮醇苷、黄芩中的抗菌成分黄芩素和解热有效成分黄芩苷等。此外，还有很多中草药富含黄酮类成分，如槐米、陈皮、射干、红花、甘草、蒲黄、枳实、芫花、金银花、菊花、山楂、淫羊藿、桎木和地锦等。除了药用价值外，其中的部分黄酮类化合物（特别是来源自药食两用的中草药）显然可应用在功能性食品。

五、外源性核苷酸

核苷酸是低分子化合物，具有编码遗传信息、调节能量代谢、传递细胞信号、作为辅酶等重要的生理生化功能。由于动物机体能合成各种核苷酸，且没有特异性缺乏症，因而长期以来核苷酸一直被视为非必需营养素。近年来，许多研究结果表明，体内从头合成的核苷酸不能满足各种代谢旺盛的组织和细胞的需要。当动物处于特殊的生长时期，如出生、断奶、疾病或应激时，一些器官、组织如肠、淋巴、骨髓细胞合成的核苷酸不能满足人与动物组织和细胞代谢的需要，需补充外源核苷酸以保证其组织生长和正常功能。在饲粮中添加核苷酸可以减少体内核苷酸的从头合成，降低动物的应激反应，提高动物的生长性能。

天然食物中的核苷酸主要以核酸的形式存在，动物肝脏、海产品含量最丰富，豆类次之，谷物籽实含量较低。人乳中脱氧核糖核酸的水平为 1～12 mg/L，核糖核酸 10～60 mg/L，哺乳初期核苷和核苷酸含量最高，随着哺乳时间延长逐渐降低。牛乳中 DNA 和 RNA 的含量较低，分别为 1～4 mg/L 和 5～19 mg/L，而且多以核苷酸前体物质乳清酸存在于乳清中。

研究表明，食物中摄入的核酸大部分在胃肠道消化，分解成核苷酸、核苷、嘌呤、嘧啶，在小肠上段被吸收。日粮中核苷酸有 5%～10%可以被整合到小肠、肝、肾、骨骼肌、脾组织中。

当食物中核苷酸供给充足时，组织内源合成降低。动物对核苷酸的代谢具有一定的自适应能力，在快速生长和饥饿、感染等免疫应激的条件下，组织储留核苷酸的能力增强。母乳核酸总量的20%来自于食物核苷酸及有关的物质。

核苷酸可维持免疫系统的正常功能，如提高人和动物对细菌、真菌感染的抵抗力，增加抗体产生，增强细胞免疫能力，刺激淋巴细胞增生作用等。

（一）对维持胃肠道正常功能有作用

外源核苷酸能够加速肠细胞的分化、生长与修复，促进小肠的成熟，这可从体外组织培养、肠外营养试验得到证实。在无核苷酸的纯合日粮中添加核苷酸饲喂鼠、雏鸡，可提高小肠蛋白质、DNA 含量，增加肠绒毛高度和肠壁厚度，并且，肠道组织蛋白质合成率与肠黏膜蛋白酶、淀粉酶等多种酶的活性均得到提高，使肠道吸收功能得到改善。核苷酸还可加速因饥饿、辐射、炎症、溃疡及创伤造成的肠道损伤后的恢复。在哺乳期仔猪给予核酸或断奶日粮中补充核酸，都可减少因饲料变化导致的断奶腹泻，提高猪的采食量和生长速度。

（二）参与调节肝的蛋白质合成，维持肝脏的正常功能

当鼠肝受伤以及部分肝切除后，肠外给予核苷酸和核苷混合物能改善损伤肝脏的功能，促进氮平衡的早期恢复。在动物纯合或常规玉米豆粕饲粮中补充核苷酸，雏鸡 4 日龄的肝脏、肠道蛋白质和 RNA 含量提高，胰脏、小肠黏膜重、蛋白酶活力均高于不加核苷酸的对照组。添加核苷酸还能减少猪、禽肝脏中霉菌毒素的水平，增加毒素从动物粪便排出量。

（三）氧化作用

核苷酸碱基的氮氧原子能够捕获氧化过程中形成的自由基，

减少由脂质过氧化引起的细胞膜及各种 DNA 的损伤。核酸及相关物质均可作为抗氧化剂，具有与维生素 C 相同的作用。

补充核苷酸对生长的影响在哺乳、断奶仔猪较明显。饲喂添加核苷酸的饲料能够提高繁殖猪窝产仔数。

六、茶多酚

茶多酚又称茶鞣或茶单宁，是茶叶中儿茶素类、丙酮类、酚酸类和花色素类化合物的总称。茶多酚是形成茶叶色香味的主要成分之一，也是茶叶中有保健功能的主要成分之一。茶多酚等活性物质具解毒和抗辐射作用，被医学界誉为“辐射克星”。

茶多酚为淡黄至褐色略带茶香的水溶液或灰白色粉状固体或结晶，有涩味。易溶于水、乙醇、乙酸乙酯，微溶于油脂。对热、酸较稳定，pH 2～8 之内稳定，pH≥8 和光照下易氧化聚合。遇铁变绿黑色络合物。略有吸潮性，水溶液的 pH 在 3～4 之间，在碱性条件下易氧化褐变。

茶多酚作为一种新型的天然抗氧化饲料添加剂，在动物体内具有多种生物学活性和生理功能，对其在畜牧业生产中的应用研究于 20 世纪 90 年代才开始起步。许多研究揭示茶多酚的抗肿瘤、抗衰老等多种生物学活性均与其抗氧化作用有关。与其他天然抗氧化剂相比，茶多酚的抗氧化作用强，且涉及多方面机制。

七、益生菌

益生菌，源于希腊语“对生命有益”，它们是定植于人体肠道内，能产生确切健康功效的活的有益微生物的总称。益生菌是指改善宿主微生态平衡而发挥有益作用，达到提高宿主健康水平和健康状态的活菌制剂及其代谢产物，它存在于地球上的各个角落里面，动物体内有益的细菌或真菌主要有：酪酸梭菌、乳酸菌、双歧杆菌、放线菌、酵母菌等。

国外益生菌研究较多的是枯草芽孢杆菌及链球菌，我国则以芽孢杆菌、乳酸菌研制为主。研究表明，芽孢杆菌能够促进动物饲料养分吸收利用，提高生产性能，增强机体免疫力等；而乳酸菌作为目前应用最多、研究较广的一类益生菌，能够维持动物肠道微生物区系平衡，能分解食物中蛋白质、糖类、合成维生素，增强动物机体免疫力。

在畜产生产中，益生菌具有以下几种功能：

（1）发酵分解饲料中的有机物，促进养分消化吸收，提高饲料转化率；

（2）合成蛋白质、维生素；

（3）促进体内有益菌的增殖，抑制有害菌的繁殖；

（4）增强非特异性免疫功能，提高禽畜免疫力；

（5）净化和改善环境，降低粪、尿臭味。

第二节　植物天然活性物质

植物是生物界中的一大类，简单地说，植物就是能进行光合作用，将无机物转化为有机物的一类自养型生物。据不完全统计，全世界已知的植物有 30 余万种，其中一部分植物具有天然活性特质，对人体或其他动物的生存、发展起着重要的作用。本节就重点对丝兰、紫花苜蓿、松针、杜仲等几种应用较广泛的植物进行介绍。

一、丝兰

丝兰是龙舌兰科丝兰属植物，常绿灌木，具有特殊的生理结构，对有害气体抗性较强，在我国主要作为城市绿化种植树种，俗名洋菠萝。早在数百年前，美洲的印第安部落就利用丝兰的花、蒴果种荚、茎秆和根部蒸煮浓缩制成重要的治疗药物。现在，丝兰提取物除了作为家畜的除臭剂外，还用于生产其他产品，如碳酸饮料的发泡剂和食品香味的增强剂。

近年来，研究发现丝兰含有一类活性物质，其主要成分是甾类皂甙、自由皂甙、糖类复合物等。该活性物质对有害气体具有很强的吸附能力，可降低畜舍氨气、硫化氢等气体浓度；还具有抑制原虫和其他有害菌的繁殖，增加肠道有益菌群数量，维持健康肠道环境的作用；改善营养物质尤其是氮源的吸收利用率；提高畜禽免疫力，降低疾病发生率；改善母猪繁殖性能，降低死产率等功能。而这些丝兰提取物是纯天然的，不会有任何残留和不安全的影响因素。

丝兰提取物的作用机理：

1. 减少有害气体的排放，改善畜舍环境 丝兰属提取物不仅可减少动物机体氨气、甲烷等有害气体的产生，还能降低氮、磷等元素的排放，从而改善畜舍环境。丝兰提取物是一种脲酶抑制剂，不但能抑制尿素分解成氨气，还能促进微生物将氨气转变成微生物蛋白，从而减少粪、尿中氨气的产生；能直接吸附或结合环境中氨气等有害气体；可通过阻止粪尿中氮的硝化，使氮以无机质形式存在，从而使散发到空气中的氨气量减少。

2. 调控肠道环境 丝兰提取物可以减少氨气的生成，稳定肠道内 pH，促进蛋白质消化吸收，从而为动物生长提供和维持正常的肠道环境，而且丝兰提取物中的皂角苷能提高细菌细胞壁的通透性，便于营养物质更快被吸收和利用。近年来，鉴于丝兰提取物在抑制球虫数量、改善动物健康和降低死亡率等方面的积极作用，皂角苷已被广泛应用于控制鸡的球虫病。

3. 促进动物生长，改善肉品质 丝兰属植物提取物中的皂角甙可通过降低氨气浓度，减少肠道组织增生，从而减少能量、蛋白质和氧气的消耗；丝兰提取物还具有一定的生物活性，能刺激厌氧发酵，促进瘤胃发酵，增加微生物蛋白的合成。同时可减缓食物通过消化道的时间，使血清中肌酸、胰岛素水平上升，从而使肉质水平得到改善。

4. 促进饲料营养的消化吸收，提高养分利用率，提高饲料

报酬 丝兰属植物提取物中的皂角有特殊的化学结构。首先，它可改变消化道上皮细胞膜形态，减少细胞膜表面张力，促进营养物质吸收；其次，皂角苷很难通过消化道上皮细胞，在动物肠道内不被吸收，能延缓消化道内容物的通过速度，从而提高消化率。

5. 提高机体免疫力，预防疾病发生 丝兰提取物具有增厚动物肠道黏膜的作用，可防止某些病毒的入侵，从而抑制病毒、有害细菌对消化道养分的吸收，并抑制其在消化道内增殖。

二、紫花苜蓿

紫花苜蓿又称苜蓿、紫苜蓿，我国已有 2 000 多年栽培历史。苜蓿营养价值高，含有丰富的蛋白质、矿物质、多种氨基酸、维生素等营养物质，是家畜和家禽的优良饲料，同时其具有草量高、适应性强、草质优良、营养丰富、适口性好、易于家畜消化等特点，素有“牧草之王”之称。

苜蓿中含有多种生物活性物质，它们主要是苜蓿多糖、皂甙、黄酮类、香豆素、叶蛋白、膳食纤维等。

（一）苜蓿多糖

苜蓿多糖属植物多糖的非淀粉多糖，从苜蓿茎、叶中提取而成。由酸溶性碳水化合物构成，包括葡萄糖、甘露糖、鼠李糖、半乳糖等。研究发现，苜蓿多糖具有多方面的生物活性，作用效果主要有：有明显的促进生长作用；提高养分消化率；促进免疫器官的发育；显著提高 T 淋巴细胞转化率，提高血清中鸡新城疫抗体的滴度和巨噬细胞的吞噬指数；提高药物疗效和抗原免疫应答能力，能激活免疫细胞并可作为饲料添加剂用于日粮中。

（二）苜蓿皂苷

苜蓿的根、茎、叶中还含有一定量的苜蓿皂苷。苜蓿皂苷是从苜蓿中提取的具有独特生物学活性的物质，是由糖中羟基或非糖类化合物的羟基以缩醛链（苷链）脱水缩合而成的环状缩醛物，其结构为五环三萜烯类化合物。

苜蓿皂苷具有多种药理活性，可以降低血液中胆固醇和抗动脉粥样硬化，防治心血管疾病，抗菌消炎，免疫调节等；同时，苜蓿皂苷可作为天然的食品添加剂，能促进动物对营养物质的消化吸收，提高其生产性能，改善畜产品品质。

（三）黄酮

苜蓿中富含黄酮成分，其中最具代表性和特色的就是苜蓿素。试验发现，从苜蓿中提取的大豆异黄酮、苜蓿素有抗氧化作用，可防止肾上腺素的氧化。同时可防止胆固醇在动脉上的沉积，避免血液凝结成块，以减少动脉硬化发生的概率。另外，从苜蓿中提取的大豆异黄酮具有促进动物生长，改善饲料利用率，提高动物的生产性能；促进生殖系统发育，提高繁殖力；提高动物机体的免疫力三方面的生物活性作用。

（四）香豆素

香豆素（氧杂萘邻酮）是有芳香甜味的邻羟基桂皮酸的内酯，它的衍生物广泛分布于植物界。研究结果表明，香豆素具有抗癌功能，通过解毒酶的作用使癌物质解毒或与癌物质拮抗，抑制其代谢的活性。

（五）叶蛋白

苜蓿叶蛋白属于优质的植物性蛋白质饲料，粗蛋白质含量一般为 50%～60%。由于叶蛋白的氨基酸组成齐全且配比合理，含量十分丰富，其中赖氨酸和苏氨酸的含量最高。叶蛋白可以促进畜禽生长发育，增强其防御疾病的能力，降低发病率。叶蛋白含有丰富的胡萝卜素和叶黄素，胡萝卜素是维生素 A 原，叶黄素是天然色素。胡萝卜素对因维生素 A 不足而引起的机体代谢紊乱症状有明显的治疗作用。叶黄素是禽类蛋黄、脂肪及皮肤色素的极好来源，可增加蛋黄及脂肪的颜色，提高其商品价值。

（六）膳食纤维

苜蓿膳食纤维的持水力高，有助于防止产品组织结构的脱水收缩，在肉类制品中，它能使肉品中香味集聚不逸散。

三、松针

松针是松树类植物的主要副产物之一，是一种再生速度快、一年四季均可采收、分布广泛、天然蓄积量大、可持续利用的天然再生资源。松针的利用在我国古代就已经开始进行了研究。民间用松针作草药或作蒸糕点的垫料（有保鲜味美的作用）。

通过现代技术对松针的测试发现松针提取物富含糖类、粗蛋白、粗脂肪、多种氨基酸和多种微量元素、多种维生素、生物黄酮类物质、精油、叶绿素、不饱和脂肪酸、酶与辅酶等活性物质。松针提取物可用于扩张动脉血管，增加红血球携氧能力，促进血液循环，改善毛细血管的机能，提高免疫力，增加荷尔蒙的分泌，强精，使身体的组织年轻化。

松针还含有多种水溶性黄酮，其中包括在人体中活性极强、生物利用价值极高的前花青素，还有儿茶素以及多种不饱和脂肪酸。

松针的嫩芽有蛋白质、粗脂肪、维生素 K 及钙、磷、铁等各种矿物质和多种酶。

松针含有 α-氨酪酸、苏氨酸、脯氨酸、甘氨酸等多种氨基酸，其中 α-氨酪酸，可促进葡萄糖的分解，有降低血氨及促进脑代谢作用，使脑功能活络，具有降血压的作用；苏氨酸是必需氨基酸，对维持人体氨基酸平衡起着重要作用；脯氨酸是构成骨胶中蛋白质的主要材料，起着壮骨作用；甘氨酸是人必需的氨基酸，在生物体内起到新陈代谢作用，抗酸、抗消化性胃溃疡病，可治疗忧郁症，能延缓肌肉的退化，对低血糖症有疗效；酪氨酸是甲状腺荷尔蒙等生成原料，是生成黑色素的基础物质。

四、杜仲

杜仲是我国独有的植物“活化石”，只有一科一属一种，为杜仲科杜仲属的多年生落叶乔木植物，在地球上已经生活了将近5 000万年的时间。杜仲树种的经济价值很高，资源稀少，属国家级珍稀濒危植物，为国家二级珍贵保护树种。杜仲全身是宝，杜仲皮、叶、果、枝条都含有丰富的次生代谢物（天然活性物质），约有80多种，是一种多天然活性物质、多功能的植物，其作用主要表现在以下几方面：

1. 替代饲用抗生素类添加剂 有研究表明，杜仲叶中天然活性物质是替代饲用抗生素类添加剂的最好产品，既能显著增强畜禽的免疫力（抗病力），又无毒、无公害、无残留。

杜仲叶中绿原酸含量相当高，绿原酸具有抗菌、抗病毒、增高白血球等作用，是理想的天然添加剂，正在受到人们的重视。绿原酸对多种致病菌，如金黄葡萄球菌、溶血性链球菌、痢疾球菌、伤寒杆菌、肺炎球菌等有显著的抑制和杀灭作用。

2. 能显著促进胶原蛋白质的合成和代谢 有研究认为，通过对肉牛、肉鸡、猪、鱼饲喂杜仲，发现这些畜禽的肌肉纤维细嫩，肌肉脂肪含量减少，高级不饱和脂肪酸含量较多，甜香化合物增加，所以显得肉嫩，味道鲜美。

3. 杜仲叶中钙、磷、镁、钾的含量很高 杜仲叶中钙、磷、镁、钾的含量很高，特别是钙极为丰富。采用杜仲饲喂的畜禽，其钙等矿质元素含量显著增加。

五、大蒜素

大蒜素是从葱科葱属植物大蒜的鳞茎（大蒜头）中提取的一

种有机硫化合物，也存在于洋葱和其他葱科植物中。学名二烯丙基硫代亚磺酸酯。农业上用作杀虫剂、杀菌剂，也用于饲料、食品、医药上。大蒜素在畜牧生产中主要有以下几种作用：

1. 杀菌作用 大蒜素对引起动物、鱼类疾病的大肠杆菌、沙门氏菌、绿脓杆菌等均有良好的抑制和杀灭作用，特别是对奶牛及猪肠炎病、草鱼烂鳃病和赤皮病及鱼类暴发性传染病都特别有效，是广大农村节省投资发展养殖业，进行疫病防治的有效药物。

2. 改善饲料的适口性 许多养殖户为了降低饲料成本，在配合饲料中经常使用一些适口性较差的饲料或添加一些促生长剂类药物，引起养殖动物采食量下降或拒食，造成动物生长缓慢、瘦弱。通过添加大蒜素可明显改善饲料的适口性，提高采食量。大蒜素通过大蒜的气味吸引动物，使之产生食欲，从而提高采食量。绝大多数动物，特别是鱼类非常喜欢大蒜素的气味。

3. 提高生产性能 大蒜素不仅能增加动物的采食量，而且能防治多种疾病，提高免疫机能，改善动物体内各系统组织功能，促进胃肠的蠕动和各种消化酶的分泌，提高动物、鱼类对饲料的消化利用，从而使生产性能提高，降低饲料成本。大蒜素在酶的作用下可变成大蒜素，以粪尿的形式排出，能够阻止养殖中的害虫繁殖和生长，改善圈舍和池塘环境。

六、中草药

在畜禽饲养和饲料生产中起主导的活性物质是对中草药的利用，中草药是一种具有广阔前景的绿色饲料添加剂，它具有天然、高效、毒副作用小、抗药性不显著、资源丰富以及性能多样等优点，在动物饲养的作用有促进动物的生长、调解免疫力、抗应激、改善动物产品的质量、饲料调味剂、着色剂使用。

中草药饲料添加剂已成为动物营养学研究的一大热点。大力开发中草药饲料添加剂，对解决长期困扰畜牧业发展的抗生素残留问题，发展绿色畜牧业，满足人们对食品安全的需求，增强我国畜产品在国际市场的竞争力，具有重要的经济意义和社会效益。

中草药饲料添加剂的主要特点：

1. 经济实用性 中草药药源丰富，取之于大自然，成本低廉，作用广泛。中草药的加工不需要复杂工艺和设备，一般经干燥粉碎、混合即可使用，非常适合我国现有畜牧业传统饲养模式和生产发展水平的需要。

2. 天然、毒副作用小 传统的中草药取自动物、植物、矿物及其产品，保持了各种结构成分的自然状态和生物活性，用于饲料添加剂的中草药所含成分均为生物有机物，经过长期实践的筛选，保留了对人和动物体有益无害的天然物之精华。中草药饲料添加剂多数无残留，不会致畸、致癌、致突变，即使是用于预防治病的有毒中草药，也经自然炮制和科学配伍会使毒性减弱或消除。

3. 无抗药性 目前所用的抗生素和化学合成药物均有引起产生抗药性的弊端，尤其是在饲料中长期微量添加的情况下，更易产生耐药性。而天然物质中草药通过提高动物机体自身的免疫能力，从而达到抑菌杀菌的目的，不产生抗药性。

4. 多功能性 中草药是复杂的有机体。一种中草药往往含有多种营养成分和生物活性物质，其中的蛋白质、脂类、维生素、微量元素等虽然含量甚微，但却可成为动物机体所需的营养成分和起到一定的营养作用；苷类、生物碱、生物类黄酮、色素等具有提高机体免疫力、调节新陈代谢、改善肉质等功效；某些中草药本身不含维生素成分，但却能起到某一种维生素的功能作用；调动机体非特异性抗微生物的一切积极因素，起到全方位杀灭病原微生物的作用；通过调节脏腑的不同功能状态（亢进或抑制）来实现平衡的双向调节作用；同时还可起到与激素相似的作用，并可减轻、防止或消除外源激素的毒副作用。

第三节　矿物天然活性物质

天然矿物是指在地壳各种物质的综合作用下（称地质作用）形成的天然单质或化合物，并具有化学式表达的特有的化学成分和相对固定的化学成分。现已从地壳中发现矿物约3 000种，其中绝大多数是固态无机物（如磁铁矿、石英、方解石等），也有液态的（如自然汞、水等）和气态的（如火山喷出气中的二氧化碳、水蒸气等），而有机矿物仅占极少数的几十种（如琥珀等）。

矿物天然活性物质是指一部分天然矿物质具有活性特质，能够在一些动物生理过程中，为动物机体提供多种营养元素、促进动物机体新陈代谢、提高饲料转化率、灭菌治病等作用。目前，常见的几种矿物天然活性物质有：沸石、膨润土、麦饭石、凹凸棒石、泥炭等。

一、沸石

沸石是沸石族矿物的总称，最早发现于1756年。瑞典的矿物学家克朗斯提（Cronstedt）发现有一类天然硅铝酸盐矿石在灼烧时会产生沸腾现象，因此命名为“沸石”。目前已知的天然沸石有40余种，其中最有使用价值的是斜发沸石和丝光沸石。天然沸石是含碱金属和碱土金属的含水铝硅酸盐类。

（一）天然沸石的性质

1. 离子交换性能　离子交换性是沸石岩重要性质之一。在沸石晶格中的空腔（孔穴）中K、Na、Ca等阳离子和水分子与格架结合得不紧，极易与其周围水溶液里的阳离子发生交换作用，交换后的沸石晶格结构也不被破坏。利用沸石的离子交换性能，可除去某些重金属离子和有害物质（如铅、砷、镉等），因而在工农业生产中应用较为广泛。

2. 吸附性能　沸石具有很大的比表面积（500～1 000 m^2/g），因而能产生较大的扩散力，故可作为出色的吸附剂。沸石晶格内部有很多大小均一的孔穴和通道，孔穴之间通过开口的通道彼此相连，并与外界沟通。孔穴和通道的体积占沸石晶体体积的50%以上，其中存在许多脱附自由的沸石水。沸石水的多少，可随外界的温度和湿度变化而变化。沸石内部的孔穴和通道，在一定的物理化学条件下，具有精确而固定的直径（3～11Å），各种不同的沸石，其直径也不同，小于这个直径的物质能被其吸附，而大于这个直径的物质则被排除在外，这种现象被称为“分子筛”作用。但并非所有的沸石都能起分子筛作用。有些沸石孔径太小，就没有分子筛的作用。沸石不仅具有吸附水的性能，而且还具有吸附氧化钙、SO_2、F_2、氮、铵、甲醇以及吸附放射性物质的性能。

3. 耐酸性和热稳定性　沸石能耐受几百摄氏度的温度，其晶格可稳定到720 ℃以上；耐酸性强，可以在10 mol/L的盐酸中不被破坏；但耐碱性差，在5%的氢氧化钠溶液中处理后，矿物质结构大部分被破坏。

（二）沸石在农业上的应用

1. 沸石粉用于复混肥添加剂　钙—钾型斜发沸石是众多种沸石的一种，它适用于农作物栽培，它是含有钾、钙、镁等多种金属离子由硅氧四面体和铝氧四面体构成的架状铝硅酸盐矿物，是氨离子、钾离子、钙离子、镁离子等多种金属离子的高效离子交换剂，并首先吸附氨离子，对氮、磷、钾等具有吸附、分离双向调节作用。它的另一个性能是吸附性强或易于极化的分子，对水的亲和力最强。由于钙—钾型斜发沸石具有这些独特的化学和物理性能，所以早已被人们成功地应用于肥料生产和农作物栽培。

这种沸石粉与肥料接触过程中，肥料中的氨离子、钾离子被交换到沸石结晶格架中的微孔和通道中，被农作物养分交换后的沸石，对农作物能起到离子化肥的作用，并在土壤中缓慢的释放养分，具有保持肥效持久性，减少肥料损失，提高肥料利用率和减轻肥料对农作物的伤害作用。

2. 沸石用于土壤改良 钙—钾型斜发沸石在土壤中能提高土壤离子的交换能力，提高土壤养分含量的利用率，降低土壤黏性，提高透水性、保水性、保肥性，改善土壤理化性质、提高土壤有效养分含量、调节土壤酸碱性，可有效的改良土壤。

3. 沸石用于有机肥除臭 利用沸石对极性分子吸附的性质，可作为有机肥料的除臭剂。

4. 沸石用于动物饲养中 在消化道，天然沸石除可选择性地吸附 NH_3、CO_2 等物质外，还能吸附某些细菌毒素，对机体有良好的保健作用。在畜牧生产中，沸石常用作某些微量元素添加剂的载体和稀释剂，用作畜禽无毒无污染的净化剂和改良池塘水质，同时还是良好的饲料防结块剂。

二、膨润土

膨润土是以蒙脱石为主要矿物成分的非金属矿产，蒙脱石结构是由两个硅氧四面体夹一层铝氧八面体组成的 2∶1 型晶体结构，由于蒙脱石晶胞形成的层状结构存在某些阳离子，如 Cu^{2+}、Mg^{2+}、Na^{+}、K^{+} 等，且这些阳离子与蒙脱石晶胞的作用很不牢固，易被其他阳离子交换，故具有较好的离子交换性。

我国开发使用膨润土的历史悠久，原来只是作为一种洗涤剂（四川仁寿地区数百年前就有露天矿，当地人称膨润土为土粉），真正被广泛使用却只有百来年历史。美国最早发现是在怀俄明州的古地层中，呈黄绿色的黏土，加水后能膨胀成糊状，后来人们就把凡是有这种性质的黏土，统称为膨润土。其实膨润土的主要矿物成分是蒙脱石，含量在 85%～90%，膨润土的一些性质也都是由蒙脱石所决定的。蒙脱石可呈各种颜色如黄绿、黄白、灰、白色等。可以成致密块状，也可为松散的土状，用手指搓磨时有滑感，小块体加水后体积胀大数倍至20～30倍，在水中呈悬浮状，水少时呈糊状。蒙脱石的性质和它的化学成分和内部结构有关，通常分为钙蒙脱石和钠蒙脱石。

膨润土具有很强的吸湿性，能吸附相当于自身体积8～20倍的水而膨胀至30倍；在水介质中能分散呈胶体悬浮液，并具有一定的黏滞性、触变性和润滑性，它和泥沙等的掺和物具有可塑性和黏结性，有较强的阳离子交换能力和吸附能力。

（一）膨润土的吸附性

膨润土吸附可以分为物理吸附、化学吸附和离子交换吸附三种类型。

1. 物理吸附　物理吸附是靠吸附剂与吸附质之间分子间引力产生的，即我们常说的范德华力产生的。物理吸附是一种可逆的吸附过程，吸附速度与脱附速度在一定条件下呈动态平衡。产生物理吸附的主要原因是膨润土表面分子具有表面能。由于膨润土在水中高度分散，物理吸附现象十分明显。

2. 化学吸附　化学吸附是靠吸附剂与吸附质之间的化学键力而产生的，化学吸附作用一般不可逆。

3. 离子交换吸附　膨润土矿物晶体一般带负电荷，因此在膨润土颗粒表面要吸附等当量的相反电荷的阳离子。吸附的阳离子可以和溶液中的阳离子发生交换作用，这种作用称为离子交换吸附。离子交换吸附的特点是：同号离子相互交换，等电量相互交换。离子交换吸附的反应是可逆的，吸附和脱附的速度受离子浓度的影响，这种影响符合质量作用定律。

（二）膨润土的膨胀性

膨润土遇水就膨胀，这种自然现象产生的主要原因是膨润土矿物晶层间距加大，水分子进入了矿物的晶层。另外，引起膨润土膨胀的原因还有膨润土矿物的阳离子交换作用。膨胀性与膨润土的属性和蒙脱石含量关系极大，钠质膨润土的吸水率高，膨胀倍数大，其膨胀性明显比钙质膨润土要强，另外，纯度较高、蒙脱石含量高的膨润土的膨胀性要强。在实际应用时，如果主要想利用膨润土矿物的膨胀性，那么，在考虑膨润土矿物的种类时首先要选择钠质膨润土矿，其次要考虑蒙脱石含量高的钠质膨润土。

（三）膨润土的造浆性

造浆率是膨润土颗粒在水中分散形成悬浮液，并且这种悬浮液的表观黏度为 15×10^{-3} Pa·s 时每吨膨润土造浆的立方数，是衡量膨润土质量的一项重要指标，一般钠质膨润土的造浆性能比钙质膨润土要好。

膨润土（蒙脱石）由于有良好的物理化学性能，可做黏结剂、悬浮剂、触变剂、稳定剂、净化脱色剂、充填料、饲料、催化剂等，广泛用于农业、轻工业及化妆品、药品等领域，所以蒙脱石是一种用途广泛的天然矿物材料。

三、麦饭石

麦饭石是一种对生物无毒、无害并具有一定生物活性的复合矿物或药用岩石。麦饭石的主要化学成分是无机的硅铝酸盐。其中包括 SiO_2、Al_2O_3、Fe_2O_3、FeO、MgO、CaO、K_2O、Na_2O、TiO_2、P_2O_5、MnO 等，还含有动物所需的钾、钠、钙、镁、磷常量元素和锌、铁、硒、铜、锶、碘、氟等 18 种微量元素。

麦饭石作为一种新的添加剂资源在饲料矿物质添加剂中的应用在最近十几年开始研究得较多。有研究表明，在麦饭石的生物活性、毒理学试验、有毒元素、放射性、细菌学指标等方面，均未发现它对动物机体有毒害作用，却发现它的溶出物对动物机体有促进生长发育、抗疲劳、抗缺氧、增强免疫力等显著生物学活性。

麦饭石在畜牧业中的作用主要有：

1. 麦饭石是一种碱土金属的铝硅酸盐矿物，所含的金属元素极易溶于稀酸中，它通过畜禽肠胃时，可释放出所含的元素，直接被动物利用。尤其是所含的微量元素镍、钛等是动物体内酶的激活物质，可提高动物酶的活性和对饲料营养物质的利用率。

2. 麦饭石在消化道内可以选择性的吸附细菌、NH_4^+、H_2S、二氧化碳等有毒气体和有毒重金属，并将本身的钙、镁、钾等交换出来，从而减少畜禽疾病和应激，提高畜禽生产性能。

3. 麦饭石有效成分属黏土矿物，在消化道内可增加食物的黏滞性，延长饲料通过消化道的时间，使养分在消化道内能被充分地消化和吸收。

4. 麦饭石可使肠黏膜厚度增加、肠腺发达、肠绒毛数量增多且排列致密有规则，这利于消化酶的分泌，促进营养物的消化和吸收。

5. 对于畜禽，麦饭石在胃中可起到机械磨碎作用，促进营养物质的利用。

6. 麦饭石可降低棉籽饼的毒性。原因是麦饭石中某些离子如铁离子和棉酚结合，使其失去了毒性。

四、凹凸棒石

凹凸棒石又称坡缕石或坡缕缟石，是一种晶质水合镁铝硅酸盐矿物，具有独特的层链状结构特征，在其结构中存在晶格置换，晶体中含有不定量的 Na^+、Ca^{2+}、Fe^{3+}、Al^{3+}，晶体呈针状、纤维状或纤维集合状。

（一）凹凸棒石的特质

凹凸棒石具有独特的分散、耐高温、抗盐碱等良好的胶体性质和较高的吸附脱色能力，并具有一定的可塑性及黏结力。具有介于链状结构和层状结构之间的中间结构。凹凸棒石呈土状、致密块状产于沉积岩和风化壳中，颜色呈白色、灰白色、青灰色、灰绿色或弱丝绢光泽。土质细腻，有油脂滑感，质轻、性脆，断口呈贝壳状或参差状，吸水性强。湿时具黏性和可塑性，干燥后收缩小，不大显裂纹，水浸泡崩散。悬浮液遇电解质不絮凝沉淀。

（二）凹凸棒石在农业方面的应用

凹凸棒石黏土作为颗粒饲料黏结剂、混合饲料添加剂、混合饲料载体等，不仅节约粮食，降低成本，而且有利于饲料转化。

1. 混合饲料的添加剂 凹土粉以其特有的物理性能，能促进动物机体的新陈代谢，提高饲料转化率，使动物食欲旺盛、皮毛丰润、增重快、出栏早，降低饲养成本。同时还具有优良的选择吸附性，能有效地吸除动物的大肠杆菌、肠道毒素，起到防疫治病除虫杀菌的作用，并提供牲畜生长必要的微量元素。

2. 颗粒饲料的黏结剂 凹凸棒石黏土具有良好的黏结力，既降低了饲料生产成本，又可提高饲料的利用率，它能吸附鱼塘中的氨离子，防水质污染，防腐臭。由于其比重轻，沉降速度慢，能延长鱼的觅食机会，提高饲料利用率，延长储存期，外观光滑。

3. 预混合饲料载体 预混合饲料的生产技术要求较高，是饲料的核心。用凹凸棒石黏土作为预混料载体可节约大量的粮食，保持维生素等不易失效、微量元素不易散失等优点。

4. 复合肥黏结剂 作为复合肥黏结剂，造粒成型率高，时间短，造粒强度高，表面光洁度好，保肥时间长，能提高生产能力，减少电耗，还可以节约滑石粉、氯化铵等高价原料的用量。

5. 农药的悬浮剂和载体 由于凹土吸油率高，酸碱度适中，广泛地应用于杀虫剂、杀真菌剂、除草剂等，生产特效农药，延长药效，保质期长，降低农药生产成本。

6. 作种子包衣材料 具有强度好，造粒光滑等特点，肥料和农药可共同加入使用，提高种子的出芽率，有利于防病、生长。

五、泥炭

泥炭又称草炭或草煤，它是沼泽中特有的有机矿床资源，是植物残体在腐水和缺氧环境下腐解堆积保存而形成的天然有机沉积物。泥炭在自然状态下，呈块体，含水量一般为 80%～90%，泥炭的比重一般为 1.20～1.60，组成物质横跨液相、气相和固相三种状态。其中固相物质的部分，以组成物质的角度来看，主要成分是有机物质（也是碳元素的主要来源）和矿物质两部分，而其中又以固相的有机物质比例最高。不同组成特性的泥炭，有不同的物理性质与化学性质。

泥炭含有极为丰富的有机质（94%～98%），其中木质素 30%～40%，多糖类 30%～33%，粗蛋白质 4%～5%，腐殖酸 10%～40%等。

我国泥炭资源储量丰富，主要分布在我国西部，占全国资源总量的 79%。四川省阿坝州的若尔盖高原（包括若尔盖、红原、阿坝及甘肃省的玛曲等），集中而连片地分布着泥炭资源，是世界上最大的一片高原型裸露泥炭沼泽。泥炭通常又分为高位泥炭和低位泥炭。高位泥炭是由泥炭藓、羊胡子草等形成，主要分布在高寒地区。高位泥炭含有大量的有机质，分解程度较差，氮和灰分含量较低，酸度高，pH 为 6～6.5 或更酸。低位泥炭是由低洼处、季节性积水或常年积水地方生长的需要无机盐养分较多的植物，如苔草属、芦苇属和冲积下来的各种植物残枝落叶多年积累形成的。低位泥炭一般分解程度较高，酸度较低，灰分含量较高。低位泥炭常因产地不同而品质有较大差异。

泥炭一般不直接用作饲料，需先进行分离与转化，才成为牲畜可食的饲料。对泥炭加工处理后用泥炭腐殖酸作饲料添加剂，或利用泥炭中的水解物质作培养基制取饲料酵母和生产泥炭发酵饲料、泥炭糖化饲料等。

第二章 天然活性物质提取工艺

第一节 概　　述

近年来，随着人们对天然药物药用的营养价值认识的逐步深入，世界范围内掀起了天然产物中活性成分研究的热潮。然而天然产物的成分十分复杂且有些物质含量甚微，提取时又要求活性成分不能被破坏，溶剂萃取等传统提取方法已经远远不能满足对天然药物进行深入研究的需要。如何快速、有效地将活性成分提取出来以及对提取物的进一步分离纯化，已成为天然产物研究的“瓶颈”，特别是近年来人们环保意识的迅速提高和国家可持续发展战略的实施，更使得开发天然产物提取技术成为大势所趋。

天然活性物质成分复杂，有效成分往往不明确，且有效成分含量低，有的药效作用常是多靶点综合作用，因此对天然活性物质进行提取、分离和纯化显得十分重要。

天然活性物质制备技术的研究过程中，所关心和研究的主要问题是：如何使有效成分得以保留，如何保证天然活性物质的安全有效，如何求证工艺的科学性和合理性。

一、天然生物材料制成产品的几个阶段

（1）原料的选择和预处理；

（2）原料的粉碎；

（3）提取，即从原料中经溶剂分离有效成分，制成粗品的工

艺过程；

（4）纯化，即粗制品经盐析、有机溶剂沉淀、吸附、层析、透析、超离心、膜分离、结晶等步骤进行精制的工艺过程；

（5）干燥及保存成品原料；

（6）制剂，即原料经精细加工制成供临床应用的各种剂型。

然而并不是每种天然活性物质的提取分离与纯化都必须具备上述 6 个阶段，也不是说每个阶段都截然分开，其操作宗旨是尽可能完整地保留天然活性物质的生物活性。

二、天然活性物质制备的方法

天然活性物质制备方法按其形成先后和应用普遍程度可分为：

（一）传统提取技术

溶剂提取法（煎煮法、浸渍法、渗漉法、回流提取法）、水蒸气蒸馏法、分子蒸馏法。

（二）现代提取技术

超临界流体萃取技术、超声波提取技术、微波提取技术、凝胶色谱技术、高效液相色谱与联用技术。

第二节　天然活性物质提取技术

一、传统提取技术

（一）溶剂提取法

1. 溶剂提取法的原理　根据天然活性物质中各种成分在溶剂中的溶解性质不同，选用对活性成分溶解度大，对不需要溶出成分溶解度小的溶剂，将有效成分从天然活性物质组织内溶解出来，即相似相溶原理。

2. 溶剂的选择 运用溶剂提取法的关键，是选择适当的溶剂。溶剂选择适当，就可以比较顺利地将需要的成分提取出来。选择溶剂要注意以下三点：1）溶剂对有效成分溶解度大，对杂质溶解度小；2）溶剂不能与天然活性物质的成分起化学变化；3）溶剂要经济、易得、使用安全等。

常见的提取溶剂可分为以下三类：

（1）极性有机溶剂。含有羟基或羧基等极性基团的溶剂，如水、甲酸、甘油、二甲基亚砜等。水是一种典型的强极性溶剂（介电常数 ε＝80），且价廉易得，使用安全，故为常用溶剂。

天然活性物质中亲水性的成分，如无机盐、糖类、分子不太大的多糖类、鞣质、氨基酸、蛋白质、有机酸盐、生物碱盐及甙类等都能被水溶出。

（2）中等极性有机溶剂。一般与水能混溶的有机溶剂，如乙醇、甲醇、丙酮等，具有较大的介电常数（ε 为 10～30），既能溶于水，又能诱导非极性物质产生一定的偶极距（即产生一定的极性），使后者溶解度增加。以乙醇最常用。乙醇的溶解性能比较好，是亲水性比较强的溶剂，对天然生物活性物质细胞的穿透能力较强。亲水性的成分除蛋白质、黏液质、果胶、淀粉和部分多糖外，大多能在乙醇中溶解。

（3）非极性有机溶剂。一般与水不能混溶的有机溶剂，如石油醚、苯、氯仿、乙醚、乙酸乙酯、二氯乙烷等。

这些溶剂的选择性能强，不能或不容易提出亲水性杂质。但这类溶剂挥发性大，多易燃（氯仿除外），一般有毒，价格较贵，设备要求较高，且它们透入植物组织的能力较弱，往往需要长时间反复提取才能提取完全。

如果天然活性物质中含有较多的水分，用这类溶剂就很难浸出其有效成分，因此，大量提取天然生物活性物质原料时，直接应用这类溶剂有一定的局限性。

3. 溶剂提取法中的几种方法

（1）浸渍法。这是将天然生物活性物质粉末或碎块装入适当的容器中，加入适宜的溶剂（如乙醇、稀醇或水），浸渍活性物质以溶出其中成分的方法。

本法比较简单易行，但浸出率较差，如用水为溶剂，其提取液易发霉变质，须注意加入适当的防腐剂。

（2）渗漉法。将天然生物活性物质粉末装在渗漉器中，不断添加新溶剂，使其渗透过活性物质，自上而下从渗漉器下部流出浸出液的一种浸出方法。在大量生产中常将收集的稀渗漉液作为另一批新原料的溶剂之用。

当渗出溶剂溢过活性物质粉末时，由于重力作用而向下移动，上层的浸出溶剂或稀浸液不断置换浓溶液，形成浓度阶梯，使扩散能较好的进行，故浸出效果优于浸渍法。

在渗漉过程中，控制流速，随时补充新溶剂，使活性物质中有效成分充分浸出为止。当渗漉液颜色极浅或渗漉液的体积相当于原活性物质重的 10 倍时，便可认为基本上已提取完全。

（3）煎煮法。这是我国最早使用的传统的浸出方法。所用容器一般为陶器、砂罐或铜制、搪瓷器皿，不宜用铁锅，以免药液变色。直接用火加热时最好时常搅拌，以免局部活性物质受热太高，容易焦煳。有蒸汽加热设备的药厂，多采用大反应锅、大铜锅、大木桶，或水泥砌的池子中通入蒸汽加热。还可将数个煎煮器通过管道互相连接，进行连续煎浸。

（4）回流提取法。应用有机溶剂加热提取，需采用回流加热装置，以免溶剂挥发损失。小量操作时，可在圆底烧瓶上连接回流冷凝器。瓶内溶剂浸过活性物质表面 1～2 cm。在水浴中加热回流，一般保持沸腾，放冷过滤，再在药渣中加溶剂，做第二、三次加热回流分别约 30 min，或至基本提尽有效成分为止。

此法提取效率较冷浸法高，大量生产中采用连续提取法。

（5）连续提取法。应用挥发性有机溶剂提取天然生物活性物质有效成分，不论小型实验或大型生产，均以连续提取法为好，其需用溶剂较少，提取成分较完全。实验室常用脂肪提取器或称索氏提取器。但是，连续提取法，提取成分受热时间较长，对于遇热不稳定易变化的成分则不宜采用此法。

（二）水蒸气蒸馏法

水蒸气蒸馏法是利用被蒸馏成分与水不相混溶，且被分离的物质能在比水沸点低的温度下沸腾，生成的蒸汽和水蒸气一同逸出，经凝结后得到水—油两液层，达到分离的目的。

水蒸气蒸馏法原理：

（1）根据分压定律：$P=P_A+P_B$（P 为混合物总蒸汽压，P_A 和 P_B 分别为组分 A 和组分 B 的饱和蒸汽压。P_A 和 P_B 只与温度有关，而与混合物的组成无关。当达到一定温度时，P 与大气压相等，液体沸腾，而蒸气组成不变）。

（2）在一定温度下，总的蒸汽压总是大于任一组分的蒸汽分压，当 P 与外界大气压相等时，此混合物沸腾，其沸点要比沸点最低的组分还要低。

（3）在水蒸气蒸馏的情况下，有效物质的沸点必然低于水的沸点 100 ℃。因此，通过水蒸气蒸馏就可以将某一有机物在低于 100 ℃的温度下蒸馏出来。

（4）水蒸气蒸馏法主要用于中草药中的挥发油、一些小分子的生物碱（如麻黄碱、烟碱、槟榔碱等）和小分子酚类物质（如丹皮酚）等的分离和提取。

（5）水蒸气蒸馏法不会对设备和操作条件有苛刻的要求，污染小，能耗适中，工业应用价值很大，但是水蒸气蒸馏仅限于简单蒸馏，或者是过热水蒸气作为惰性气的载气蒸馏。

（三）升华法

固体物质受热直接汽化，遇冷后又凝固为固体化合物，称为升华。天然生物活性物质中有一些成分具有升华的性质，故可利用升华法直接自天然生物活性物质中提取出来。如樟木中樟脑，茶叶中咖啡碱。

（四）分子蒸馏技术

分子蒸馏是一种在高真空下操作的蒸馏方法，这时蒸汽分子的平均自由程大于蒸发表面与冷凝表面之间的距离，从而可利用料液中各组分蒸发速率的差异，对液体混合物进行分离。

在一定温度下，压力越低，气体分子的平均自由程越大。当蒸发空间的压力很低（10.2～10.4 mmHg），且使冷凝表面靠近蒸发表面，其间的垂直距离小于气体分子的平均自由程时，从蒸发表面汽化的蒸气分子，可以不与其他分子碰撞，直接到达冷凝表面而冷凝。

1. 工作原理　分子蒸馏是一种特殊的液—液分离技术，它不同于传统蒸馏依靠沸点差分离原理，而是靠不同物质分子运动平均自由程的差别实现分离。

当液体混合物沿加热板流动并被加热，轻、重分子会逸出液面而进入气相，由于轻、重分子的自由程不同，因此，不同物质的分子从液面逸出后移动距离不同，若能恰当地设置一块冷凝板，则轻分子达到冷凝板被冷凝排出，而重分子达不到冷凝板沿混合液排出。这样，达到物质分离的目的。

在沸腾的薄膜和冷凝面之间的压差是蒸气流向的驱动力，对于微小的压力降就会引起蒸气的流动。在 1 mbar 压力（1 mPa=100 Pa）下运行要求在沸腾面和冷凝面之间非常短的距离，基于这个原理制作的蒸馏器称为短程蒸馏器。短程蒸馏器（分子蒸馏）有一个内置冷凝器在加热面的对面，并使操作压力降到 0.001 mbar。

短程蒸馏器是一个工作在 1～0.001 mbar 压力下热分离技术过程，它较低的沸腾温度，非常适合热敏性、高沸点物。其基本构成：带有加热夹套的圆柱形筒体，转子和内置冷凝器；在转子的固定架上精确装有刮膜器和防飞溅装置。内置冷凝器位于蒸发器的中心，转子在圆柱形筒体和冷凝器之间旋转。

短程蒸馏器由外加热的垂直圆筒体、位于它的中心冷凝器及在蒸馏器和冷凝器之间旋转的刮膜器组成。

蒸馏过程是：物料从蒸发器的顶部加入，经转子上的料液分布器将其连续均匀地分布在加热面上，随即刮膜器将料液刮成一层极薄、呈湍流状的液膜，并以螺旋状向下推进。在此过程中，从加热面上逸出的轻分子，经过短的路线和几乎未经碰撞就到内置冷凝器上冷凝成液，并沿冷凝器管流下，通过位于蒸发器底部的出料管排出；残液即重分子在加热区下的圆形通道中收集，再通过侧面的出料管中流出。

2. 分子蒸馏过程 短程蒸馏器还适合于进行分子蒸馏。分子流从加热面直接到冷凝器表面。分子蒸馏过程可分如下四步：

（1）分子从液相主体向蒸发表面扩散。通常，液相中的扩散速度是控制分子蒸馏速度的主要因素，所以应尽量减薄液层厚度及强化液层的流动。

（2）分子在液层表面上的自由蒸发。蒸发速度随着温度的升高而上升，但分离因素有时却随着温度的升高而降低，所以，应以被加工物质的热稳定性为前提，选择经济合理的蒸馏温度。

（3）分子从蒸发表面向冷凝面飞射。蒸气分子从蒸发面向冷凝面飞射的过程中，可能彼此相互碰撞，也可能和残存于两面之间的空气分子发生碰撞。由于蒸发分子远重于空气分子，且大都具有相同的运动方向，所以它们自身碰撞对飞射方向和蒸发速度影响不大。而残气分子在两面间呈杂乱无章的热运动状态，故残气分子数目的多少是影响飞射方向和蒸发速度的主要因素。

（4）分子在冷凝面上冷凝。只要保证冷热两面间有足够的温度差（一般为 70～100 ℃），冷凝表面的形式合理且光滑，则认为冷凝步骤可以在瞬间完成，所以选择合理冷凝器的形式相当重要。

3. 条件

（1）残余气体的分压必须很低，使残余气体的平均自由程长度是蒸馏器和冷凝器表面之间距离的倍数。

（2）在饱和压力下，蒸气分子的平均自由程长度必须与蒸发器和冷凝器表面之间距离具有相同的数量级。

在理想的条件下，蒸发在没有任何障碍的情况下从残余气体分子中发生。所有蒸气分子在没有遇到其他分子和返回到液体过程中到达冷凝器表面。蒸发速度在所处的温度下达到可能的最大值。蒸发速度与压力成正比，因而，分子蒸馏的馏出液量相对比较小。

在大中型短程蒸馏中，冷凝器和加热表面之间的距离约为20～50 mm，残余气体的压力为 10～3 mbar 时，残余气体分子的平均自由程长度约为 2 倍长。短程蒸馏器完全能满足分子蒸馏的所有必要条件。

4. 特点

（1）普通蒸馏在沸点温度下进行分离；分子蒸馏可以在任何温度下进行，只要冷热两面间存在着温度差，就能达到分离目的。

（2）普通蒸馏是蒸发与冷凝的可逆过程，液相和气相间可以形成相平衡状态；而分子蒸馏过程中，从蒸发表面逸出的分子直接飞射到冷凝面上，中间不与其他分子发生碰撞，理论上没有返回蒸发面的可能性，所以，分子蒸馏过程是不可逆的。

（3）普通蒸馏有鼓泡、沸腾现象；分子蒸馏过程是液层表面上的自由蒸发，没有鼓泡现象。

（4）表示普通蒸馏分离能力的分离因素与组元的蒸气压之比有关；表示分子蒸馏分离能力的分离因素则与组元的蒸气压和分子量之比有关，并可由相对蒸发速度求出。

5. 优点优势

（1）优点主要有：

① 蒸馏温度低，分子蒸馏是在远低于沸点的温度下进行操作的，只要存在温度差就可以达到分离目的，这是分子蒸馏与常规蒸馏的本质区别。

② 蒸馏真空度高，分子蒸馏装置其内部可以获得很高的真空度，通常分子蒸馏在很低的压强下进行操作，因此物料不易氧化受损。

③ 蒸馏液膜薄，传热效率高。

④ 物料受热时间短，受加热的液面与冷凝面之间的距离小于轻分子的平均自由程，所以由液面逸出的轻分子几乎未经碰撞就达到冷凝面。因此，蒸馏物料受热时间短，在蒸馏温度下停留时间一般几秒至几十秒之间，减少了物料热分解的机会。

⑤ 分离程度更高，分子蒸馏能分离常规不易分开的物质。

⑥ 没有沸腾鼓泡现象。分子蒸馏是液层表面上的自由蒸发，在低压力下进行，液体中无溶解的空气，因此在蒸馏过程中不能使整个液体沸腾，没有鼓泡现象。

⑦ 无毒、无害、无污染、无残留，可得到纯净安全的产物，且操作工艺简单，设备少。分子蒸馏技术能分离常规蒸馏不易分离的物质。

⑧ 分子蒸馏设备价格昂贵，分子蒸馏装置必须保证体系压力达到的高真空度，对材料密封要求较高，且蒸发面和冷凝面之间的距离要适中，设备加工难度大，造价高。

⑨ 产品耗能小，由于分子蒸馏整个分离过程热损失少，且由于分子蒸馏装置独特的结构形式，内部压强极低，内部阻力远比常规蒸馏小，因而可大大节省能耗。

（2）优势主要有：

① 对于高沸点、热敏及易氧化物料的分离，分子蒸馏提供了最佳分离方法。因为分子蒸馏在远低于物料沸点的温度下操

作，而且物料停留时间短。

② 分子蒸馏可极有效地脱除液体中的物质，如有机溶剂、臭味等，这对于采用溶剂萃取后液体的脱溶是非常有效的方法。

③ 分子蒸馏可有选择地蒸出目的产物，去除其他杂质，通过多级分离可同时分离 2 种以上的物质。

④ 分子蒸馏的分馏过程是物理过程，因而可很好地保护被分离物质不受污染和侵害。

6. 设备　一套完整的分子蒸馏设备主要包括：分子蒸发器、脱气系统、进料系统、加热系统、冷却真空系统和控制系统。分子蒸馏装置的核心部分是分子蒸发器，其种类主要有以下几种：

（1）降膜式分子蒸馏器。为早期形式，结构简单，但由于液膜厚，效率差，当今世界各国很少采用。该装置是采取重力使蒸发面上的物料变为液膜降下的方式。将物料加热，蒸发物就可在相对方向的冷凝面上凝缩。降膜式装置为早期形式，结构简单，在蒸发面上形成的液膜较厚，效率差，现在各国很少采用。

（2）刮膜式分子蒸馏装置。我国在 20 世纪 80 年代末才开展刮膜式分子蒸馏装置和工艺应用研究。该装置形成的液膜薄，分离效率高，但较降膜式结构复杂。它采取重力使蒸发面上的物料变为液膜降下的方式，但为了使蒸发面上的液膜厚度小且分布均匀，在蒸馏器中设置了一硬碳或聚四氟乙烯制的转动刮板。该刮板不但可以使下流液层得到充分搅拌，还可以加快蒸发面液层的更新，从而强化了物料的传热和传质过程。

其优点是液膜厚度小，并且沿蒸发表面流动；被蒸馏物料在操作温度下停留时间短，热分解的危险性较小，蒸馏过程可以连续进行，生产能力大。

缺点是液体分配装置难以完善，很难保证所有的蒸发表面都被液膜均匀覆盖；液体流动时常发生翻滚现象，所产生的雾沫也常溅到冷凝面上。但由于该装置结构相对简单，价格低廉，现在的实验室及工业生产中，大部分都采用该装置。

（3）刮板式分子蒸馏装置。刮板式技术采用的是 Smith 式 45°对角斜槽刮板，这些斜槽会促使物料围绕蒸馏器壁向下运动，通过可控的刮板转动就能够提供一个程度很高的薄膜混合，使物料产生有效的微小的活跃运动（而非被动地将物料滚辗在蒸馏器壁上），这样就实现了最短的而且可控的物料驻留时间和可控的薄膜厚度，从而能够达到最佳的热能传导、物质传输和分离效率。刮板式分子蒸馏设备通过一个平缓的过程，进料液体流经一个被加热的圆柱形真空室，利用进料液体薄膜的刮擦作用，将易挥发的成分从不易挥发的成分中分离出来。

这种工艺的卓越优势在于：短暂的进料液体滞留时间、凭借高真空性能的充分降温、最佳的混合效率，以及最佳的物质和热传导。这种高效的热分离技术的结果是：最小的产品降解和最高的产品质量。进料液体暴露给加热壁的时间非常短暂（仅几秒钟），这部分归因于带缝隙的刮板设计，它迫使液体向下运动，并且滞留时间、薄膜厚度和流动特性都受到严格的控制，非常适合热敏性物质的分离应用。另外，这种带斜槽的刮板不会将物料甩离蒸馏器壁，污染已被分离出来的轻组分。与传统的柱式蒸馏设备、降膜式蒸馏设备、旋转蒸发器和其他分离设备比较，刮板式蒸馏设备被公认要出色得多。

（4）离心式分子蒸馏装置。离心式分子蒸馏装置离心力成膜，膜薄，蒸发效率高。但结构复杂，制造及操作难度大。该装置将物料送到高速旋转的转盘中央，并在旋转面扩展形成薄膜，同时加热蒸发，使之与对面的冷凝面凝缩。该装置是目前较为理想的分子蒸馏装置，但与其他两种装置相比，要求有高速旋转的转盘，又需要较高的真空密封技术。离心式分子蒸馏器与刮膜式分子蒸馏器相比具有以下优点：由于转盘高速旋转，可得到极薄的液膜且液膜分布更均匀，蒸发速率和分离效率更好；物料在蒸发面上的受热时间更短，降低了热敏物质热分解的危险；物料的处理量更大，更适合工业上的连续生产。

7. 应用

（1）食品工业。

① 单甘酯的生产：分子蒸馏技术广泛应用于食品工业，主要用于混合油脂的分离。从蒸馏液面上将单甘酯分子蒸发出来后立即进行冷却，实现分离。利用分子蒸馏可将未反应的甘油、单甘酯依次分离出来。单甘酯即甘油一酸酯，它是重要的食品乳化剂。单甘酯的用量目前占食品乳化剂用量的2/3。在食品中它可起到乳化、起酥、蓬松、保鲜等作用，可作为饼干、面包、糕点、糖果等专用食品添加剂。分子蒸馏单甘酯产品以质取胜，逐渐代替了纯度低、色泽深的普通单甘酯，市场前景乐观，开发分子蒸馏单甘酯可为企业带来丰厚的利润。

② 鱼油的精制：从动物中提取天然产物，也广泛采取分子蒸馏技术，如精制鱼油等。鱼油中富含全顺式高度不饱和脂肪酸二十碳五烯酸（简称EPA）和二十二碳六烯酸（简称DHA），此成分具有很好的生理活性，不仅具有降血脂、降血压、抑制血小板凝集、降低血液黏度等作用，而且还具有抗炎、抗癌、提高免疫能力等作用，被认为是很有潜力的天然药物和功能食品。EPA、DHA主要从海产鱼油中提取，传统分离方法是采用尿素包合沉淀法和冷冻法。运用尿素包合沉淀法可以有效地脱除产品中饱和的及低不饱和的脂肪酸组分，提高产品中DHA和EPA的含量，但由于很难将其他高不饱和脂肪酸与DHA和EPA分离，只能得到DHA及EPA总纯度为80%的产品。而且产品色泽重，腥味大，过氧化值高，还需进一步脱色除臭后才能制成产品，回收率仅为16%。由于物料中的杂质脂肪酸的平均自由程同EPA、DHA乙酯相近，分子蒸馏法尽管只能使得到DHA及EPA总纯度为72.5%的产品，但回收率可达到70%，产品的色泽好、气味纯正、过氧化值低，而且可以将混合物分割成DHA与EPA不同含量比例的产品。因此分子蒸馏法不失为分离纯化EPA、DHA的一种有效方法。

③ 油脂脱酸：在油脂的生产过程中，由于从油料中提取的毛油中含有一定量的游离脂肪酸，从而影响油脂的色泽和风味以及保质期。传统工业生产中化学碱炼或物理蒸馏的脱酸方法有一定的局限性。由于油品酸值高，化学碱炼工艺中添加的碱量大，碱在与游离脂肪酸的中和过程中，也皂化了大量中性油使得精炼得率偏低；物理精炼用水蒸气气提脱酸，油脂需要在较长时间的高温下处理，影响油脂的品质，一些有效成分会随水蒸气溢出，从而会降低保健营养价值。

（2）在精细化工中的应用。分子蒸馏技术在精细化工行业中可用于碳氢化合物、原油及类似物的分离；表面活性剂的提纯及化工中间体的制备；羊毛脂及其衍生物的脱臭、脱色；塑料增塑剂、稳定剂的精制以及硅油、石蜡油、高级润滑油的精制等。在天然产物的分离上，许多芳香油的精制提纯，都应用分子蒸馏而获得高品质精油。

（3）医药工业。利用分子蒸馏技术，在医药工业中可提取天然维生素 A、维生素 E；制取氨基酸及葡萄糖的衍生物，以及胡萝卜和类胡萝卜素等。现以维生素 E 为例：天然维生素 E 在自然界中广泛存在于植物油种子中，特别是大豆、玉米胚芽、棉籽、菜籽、葵花籽、米胚芽中含有大量的维生素 E。由于维生素 E 是脂溶性维生素，因此在油料取油过程中它随油一起被提取出来。脱臭是油脂精练过程中的一道重要工序，馏出物是脱臭工序的副产品，主要成分是游离脂肪酸和甘油以及由它们的氧化产物分解得到的挥发性醛、酮碳氢类化合物，维生素 E 等。从脱臭馏出物中提取维生素 E，就是要将馏出物中非维生素 E 成分分离出去，以提高馏出物中维生素 E 的含量。

综上所述，分子蒸馏技术作为一种特殊的新型分离技术，主要应用于高沸点、热敏性物料的提纯分离。实践证明，此技术不但科技含量高，而且应用范围广，是一项工业化应用前景十分广泛的高新技术。它在天然药物活性成分及单体提取和纯化过程的应用还刚刚开始，尚有很多问题需要进一步探索和研究。

二、现代提取技术

（一）超临界流体萃取技术

超临界流体萃取（SFE，简称超临界萃取）是一种将超临界流体作为萃取剂，把一种成分（萃取物）从另一种成分（基质）中分离出来的技术。二氧化碳（CO_2）是最常用的超临界流体。

1. 技术原理 超临界流体萃取分离过程的原理是超临界流体对脂肪酸、植物碱、醚类、酮类、甘油酯等具有特殊溶解作用，利用超临界流体的溶解能力与其密度的关系，即利用压力和温度对超临界流体溶解能力的影响而进行的。在超临界状态下，将超临界流体与待分离的物质接触，使其有选择性地把极性大小、沸点高低和分子量大小的成分依次萃取出来。当然，对应各压力范围所得到的萃取物不可能是单一的，但可以控制条件得到最佳比例的混合成分，然后借助减压、升温的方法使超临界流体变成普通气体，被萃取物质则完全或基本析出，从而达到分离提纯的目的，所以超临界流体萃取过程是由萃取和分离组合而成的。

2. 工艺流程 SFE 技术基本工艺流程为：原料经除杂、粉碎或轧片等一系列预处理后装入萃取器中。系统冲入超临界流体并加压。物料在 SCF 作用下，可溶成分进入 SCF 相。流出萃取器的 SCF 相经减压、调温或吸附作用，可选择性地从 SCF 相分离出萃取物的各组分，SCF 再经调温和压缩回到萃取器循环使用。SC—CO_2 萃取工艺流程由萃取和分离两大部分组成。在特定的温度和压力下，使原料同 SC—CO_2 流体充分接触，达到平衡后，再通过温度和压力的变化，使萃取物同溶剂 SC—CO_2 分离，SC—CO_2 循环使用。整个工艺过程可以是连续的、半连续的或间歇的。

3. 技术特点

（1）超临界流体 CO_2 萃取与化学法萃取相比有以下突出的

优点：

① 可以在接近室温（35～40 ℃）及 CO_2 气体笼罩下进行提取，有效地防止了热敏性物质的氧化和逸散。因此，在萃取物中保持着药用植物的全部成分，而且能把高沸点、低挥发度、易热解的物质在其沸点温度以下萃取出来。

② 使用 SFE 是最干净的提取方法，由于全过程不用有机溶剂，因此萃取物绝无残留溶媒，同时也防止了提取过程对人体的毒害和对环境的污染，是 100%的纯天然。

③ 萃取和分离合二为一。当饱含溶解物的 CO_2—SCF 流经分离器时，由于压力下降使得 CO_2 与萃取物迅速成为两相（气液分离）而立即分开，不仅萃取效率高而且能耗较少，节约成本。

④ CO_2 是一种不活泼的气体，萃取过程不发生化学反应，且属于不燃性气体，无味、无臭、无毒，故安全性好。

⑤ CO_2 价格便宜，纯度高，容易取得，且在生产过程中循环使用，从而降低成本。

⑥ 压力和温度都可以成为调节萃取过程的参数。通过改变温度或压力达到萃取目的。压力固定，改变温度可将物质分离；反之温度固定，降低压力使萃取物分离，因此工艺简单易掌握，而且萃取速度快。

（2）从超临界流体性质看，其具有的特点：

① 萃取速度高与液体萃取，特别适合于固态物质的分离提取。

② 在接近常温的条件下操作，能耗低于一般精馏，适合于热敏性物质和易氧化物质的分离。

③ 传热速率快，温度易于控制。

④ 适合于挥发性物质的分离。

4. 技术应用 超临界萃取的特点决定了其应用范围十分广阔。如在医药工业中，可用于中草药有效成分的提取，热敏性生物制品药物的精制，及脂质类混合物的分离；在食品工业中，啤酒花的提取，色素的提取等；在香料工业中，天然及合成香料的精制；化学工业中混合物的分离等。

（二）超声波提取技术

1. 超声波提取原理　超声波提取技术是近年来应用在中药材有效成分提取方面的一种较为成熟的手段。超声波是一种弹性机械振动波，能破坏中药材的细胞，使溶媒渗透到中药材细胞中，从而加速中药材有效成分溶解，以提高其浸出率。超声波提取主要依据其三大效应：空化效应、机械效应和热效应。

（1）空化效应。超声波在液体中传播时，使液体介质不断受到压缩和拉伸，而液体耐压而不耐拉，液体若受不住这种拉力，就会断裂而形成暂时的近似真空的空洞（尤其在含有杂质、气泡的地方），而到压缩阶段，这些空洞发生崩溃。崩溃时空洞内部最高瞬间压可达到几万个大气压，同时还将产生局部高温以及放电现象等，这就是空化作用。在中药提取过程中，随药材在药剂中受到超声作用而产生空化效应的过程，使溶剂在超声瞬间产生空化泡的崩溃，随空化泡的爆破，而形成巨大的射流冲向植物固体表面，使其溶剂很快渗透到物质内部细胞中，借以空化泡的爆破冲击力打破细胞壁，使细胞内化学成分在超声作用下直接和药材接触，加速了溶剂和药材中的有效成分相互渗透，并快速地向溶剂中溶解，使细胞外出现浓度差促使化学成分由高浓度溶液向低浓度溶液中扩散，大大地加速了提取过程，细胞内的化学成分迅速转入溶剂，在细胞被破碎的瞬间生物活性保持不变，破碎速度和提出率均可得到提高。

（2）机械效应。机械效应是超声波在液体内传播过程中，传播的机械能使液体质点在其传播空间内发生振动，从而强化液体的扩散、传质。机械效应伴随着空化效应的产生而产生，主要由辐射压强和超声压强引起。辐射压强可能引起两种效应，其一是简单的骚动效应，其二是在溶剂和药材组织之间出现摩擦。这种骚动可使蛋白质变性，细胞组织变形。而超声压强将给予溶剂和药材组织以不同的加速度，即溶剂分子的速度远远大于药材组织的速度，从而在它们之间产生摩擦，这力量足以断开两碳原子之键，使生物分子解聚，使细胞壁上的有效成分溶解于溶剂之中。

（3）热效应。超声波在液体中传播时，其机械能被介质吸收而转化为热能，使介质自身温度升高，进而对液体引发各种作用，称为超声的热效应。热效应伴随着空化效应的产生而产生。产生热能的多少主要决定于介质对超声能的吸收，所吸收能量的大部分或全部将转化为热能，从而导致药材组织温度升高。这种吸收声能而引起的温度升高是稳定的，所以超声波可以使药材组织内部的温度瞬时升高，加速有效成分的溶解。

此外，超声波还可以产生许多次级效应，如乳化、扩散、击碎、化学效应等。这些作用也促进了植物体中有效成分的溶解，促使药物有效成分进入介质，并与介质充分混合。总之，超声提取、分离中药材化学成分的过程，是超声在液—固提取分离过程中产生的空化效应及伴随的各种次级效应的作用，这些效应促进了物质中成分向液体的溶解，从而加快提取分离过程的进行，以提高药材中成分的提取率。

2. 超声波提取分离技术的特点 进入21世纪后，超声提取技术广泛用于医药、食品、油脂、化工等各个领域，特别是在中药成分的提取中日趋广泛。该技术适用于中药材有效成分的提取，是中药制药提取工艺中一种较为成熟的新方法、新工艺。与常规的煎煮法、浸提法、回流提取法等提取技术相比有以下特点：

（1）超声提取技术能增加所提取成分的提取率，缩短提取时间。由于超声波强烈振动所具有的特殊作用，有利于溶剂渗入植物粉末中，加速其中有效成分的渗出和扩散。利用超声波产生的强烈空化效应、机械效应、热效应等作用，可以加速药材有效成分进入溶剂，从而提高提取效率。与常规提取法相比，可大大提高产品提取率及资源利用率、缩短生产周期、节省原料药材、提高经济效益。且提取物中有效成分含量高，有利于进一步精制和分离。

（2）超声提取技术在提取过程中无需加热，适合于热敏性物质的提取。因为超声提取在有限的提取时间内产生的热效应，使溶剂升温不高，避免了常规煎煮法、回流提取法长时间加热对药材有效成分的不良影响。

（3）超声提取技术不改变所提取成分的化学结构。有学者对超声提取技术和常规方法提出的有效成分作对照，考察超声提取出的有效成分的结构是否有改变。据报道，对两种方法所得到的有效成分进行薄层层析、红外光谱和核磁共振光谱的对比分析，两者所得到的图谱一致说明超声提取不会改变有效成分的结构，并且缩短了提取时间，提高了提出率，从而为中草药成分的提取提供了一种快速、高产的新方法。

（4）减少能耗，提高经济效益。由于超声提取无需加热或加热温度低，提取时间短，能大大降低能耗，提高经济效益，且超声提取技术操作方便，提取率高，能充分利用中药资源，同时减少环境污染，为中药现代化提供了一种高效提取的新方法，改进了烦琐的常规提取工艺。

综上所述，超声提取是一种发展中的新方法，已不断地在各种应用中取得突破和完善，凸显其独特优势。进一步开展对该技术的研究，获得超声提取的基本原理与实践经验，将使超声技术向有利于工业化大生产方向发展。随着超声提取技术研究的不断深入和超声提取设备的不断完善，必将对中药提取工艺的发展有极大地推动作用。

（三）微波辐射提取分离方法

微波技术用于提取生物活性成分已涉及几大类天然化合物

(挥发油、苷类、多糖、萜类、生物碱、黄酮、单宁、甾体及有机酸等),具有设备简单、适用范围广、萃取效率高、选择性强、重现性好、节省时间、节省溶剂、节能、污染小等众多优点。

1. 微波提取的原理和特点　传统的索氏提取、搅拌萃取和超声波萃取等方法费时、费试剂、效率低、重现性差,而且所用试剂通常有毒,易对环境和操作人员造成危害;超临界萃取虽具有节省试剂、无污染的优点,但是回收率较差。为了获得超临界条件,设备的一次性投资较大,运行成本高,而且难于萃取强极性和大分子量的物质。

在快速振动的微波电磁场中,被辐射的极性物质分子吸收电磁能,以每秒数十亿次的高速振动产生热能。微波提取过程中,微波辐射导致植物细胞内的极性物质,尤其是水分子吸收微波能,产生大量热量,使细胞内温度迅速上升,液态水汽化产生的压力将细胞膜和细胞壁冲破,形成微小的孔洞;进一步加热,导致细胞内部和细胞壁水分减少,细胞收缩,表面出现裂纹。孔洞和裂纹的存在使胞外溶剂容易进入细胞内,溶解并释放出胞内产物。

微波提取的特点为投资少、设备简单、适用范围广、重现性好、选择性高、操作时间短、溶剂耗量少、有效成分得率高、不产生噪声、不产生污染。与传统煎煮法相比,克服了药材细粉易凝聚、易焦化的弊端。

2. 微波提取的装置和条件　绝大部分利用微波技术进行的提取都是在家用微波炉内完成的。这种微波炉造价低、体积小、适合在实验室应用,但很难进行回流提取,反应容器只能采取封闭或敞口放置两种方法。经过改造的微波装置可以进行回流操作,使得常压溶剂提取非常安全。

专门用于微波试样制备的商品化设备已问世,有功率选择、控温、控压和控时装置。一般由 PTFE 材料制成专用密闭容器作为萃取罐,萃取罐能允许微波自由透过、耐高温高压、且不与溶剂反应。由于每个系统可容纳 9～12 个萃取罐，因此试样的批处理量大大提高。

微波提取的条件包括溶剂、功率和提取时间。其中，溶剂的选择至关重要。微波提取要求被提取的成分是微波自热物质，有一定的极性。微波提取所选用的溶剂必须对微波透明或半透明，介电常数在 8～28 范围内。物料中的含水量对微波能的吸收关系很大。若物料不含水分，选用部分吸收微波能的萃取介质。由此介质浸渍物料，置于微波场进行辐射的同时发生提取作用。当然也可采取物料再湿的方法，使其具有足够的水分，便于有效地吸收所需要的微波能。提取物料中不稳定的或挥发性的成分，宜选用对微波射线高度透明的萃取剂作为提取介质，如正己烷。药材浸没于溶剂后置于微波场中，其中的挥发性成分因显著自热而急速气化，涨破细胞壁，冲破植物组织，逸出药材，包围于药材四周的溶剂因没有自热，可捕获、冷却并溶解逸出的挥发性成分。由于非极性溶剂不能吸收微波能，为了快速进行加热提取，可加入一定比例的极性溶剂。若不需要这类挥发性或不稳定的成分，则选用对微波部分透明的萃取剂。这种萃取剂吸收一部分微波能后转化为热能，可挥发驱除不需要的成分。对水溶性成分和极性大的成分，可用含水溶剂进行提取。微波提取极性化合物在用含水的溶剂萃取时比索氏提取效果更好。而用非极性溶剂萃取非极性化合物，微波提取的效率稍低于索氏提取。如果用水作溶剂，细胞内外同时加热，破壁不会太理想，而且大部分微波能被溶剂消耗。可以采取先用微波处理经浸润后的干药材，然后再加水或有机溶剂浸提有效成分，这样既可节省能源，又可进行连续工业化生产，而且可使微波提取装置简化，能在敞开体系中进行。微波功率和辐射时间对提取效率具有明显的影响。功率越高，提取的效率越高。但如果超过一定限度，则会使提取体系压力升高到开容器安全阀的程度，溶液溅出，导致误差。提取时间与被测物样品量、物料中含水量、溶剂体积和加热功率有关。由于水可有效地吸收微波能，较干的物料需要较长的辐照时间。

物料在提取前最好经粉碎等预处理，以增大溶剂与物料的接触面积，提高提取效率。为了减少高温的影响，可分次进行微波辐射，冷却至室温后再进行第2次微波提取，以便最高得率地提取出所需活性化合物。经过提取的物料，可用另一种提取剂，在微波辐照下进行第2次提取，从而取得第2种提取物。

微波技术应用于天然药物活性成分的提取具有萃取效率高、选择性强、重现性好、节省时间、节省溶剂、节能、污染小等众多优点。但由于此项技术刚刚起步，在理论和实践中还存在一些问题，如微波提取的机理方面、微波对各类成分提取的选择性以及微波用于中药提取的工程放大等，均有待进一步研究。

（四）凝胶色谱技术

凝胶色谱法又叫凝胶色谱技术，是20世纪60年代初发展起来的一种快速而又简单的分离分析技术。由于设备简单、操作方便，不需要有机溶剂，对高分子物质有很高的分离效果。凝胶色谱法又称分子排阻色谱法。凝胶色谱法主要用于高聚物的相对分子质量分级分析以及相对分子质量分布测试。根据分离的对象是水溶性的化合物还是有机溶剂可溶物，又可分为凝胶过滤色谱（GFC）和凝胶渗透色谱（GPC）。GFC一般用于分离水溶性的大分子，如多糖类化合物。凝胶的代表是葡萄糖系列，洗脱溶剂主要是水。凝胶渗透色谱法主要用于有机溶剂中可溶的高聚物（聚苯乙烯、聚氯乙烯、聚乙烯、聚甲基丙烯酸甲酯等）相对分子质量分布分析及分离，常用的凝胶为交联聚苯乙烯凝胶，洗脱溶剂为四氢呋喃等有机溶剂。凝胶色谱不但可以用于分离测定高聚物的相对分子质量和相对分子质量分布，同时根据所用凝胶填料不同，可分离油溶性和水溶性物质，分离相对分子质量的范围从几百万到100以下。近年来，凝胶色谱也广泛用于分离小分子化合物。化学结构不同但相对分子质量相近的物质，不可能通过凝胶色谱法达到完全的分离纯化的目的。凝胶色谱主要用于高聚物的相对分子质量分级分析以及相对分子质量分布测试，目前已经被生物化学、分子生物学、生物工程学、分子免疫学以及医学等有关领域广泛采用，不但应用于科学实验研究，而且已经大规模地用于工业生产。

1. 色谱柱的安装程序 色谱柱正确安装才能保证发挥其最佳的性能和延长使用寿命，要尽量做到体积小，样品少接触金属。本节主要是针对毛细管柱的安装进行叙述，填充柱的安装相对较为简单，可参照毛细管柱的安装程序进行。

（1）检查气源、电源、工作环境，确保环境和外部条件符合仪器要求。特别要注意的是，若仪器是首次安装使用，要确保电源电压和仪器的要求相符合，由于国外的电压与中国的电压不同，因此一定要注意保证仪器要求的电压与电源电压一致；要认真检查气源是否符合要求，使用不符合要求的气体，很有可能造成不可修复的损害。

（2）检查气体过滤器、进样垫和衬管等，保证辅助气和检测器的用气符合要求。如果以前做过较脏样品或活性较高的化合物，需要将进样口的衬管清洗或更换。

（3）将色谱柱管从柱架上拉出，在色谱柱的端口向下的状态下，将螺母和密封垫装在色谱柱上，然后用专用的割刀在距末端20～30 mm处划一刻痕，用手轻轻地从刻痕处将毛细管折断，保证没有进样垫的碎屑残留于柱中，注意断口应平齐光滑（可用放大镜检查）。

（4）将色谱柱连接于进样口上，色谱柱在进样口中插入深度根据所使用的GC仪器的具体情况而定。正确合适的插入能最大可能地减小死体积，保证试验结果的重现性。通常来说，色谱柱的入口应保持在进样口的中下部，如果进样针穿过隔垫完全插入进样口后，针尖与色谱柱入口相差1～2 cm，就是较为理想的状态（具体的插入程度和方法参见所使用GC的随机手册）。避免用力弯曲挤压毛细管柱，并小心不要让标记牌等有锋利边缘的物品与毛细柱接触摩擦，以防柱身断裂受损。将色谱柱正确插入进样口后，用手把连接螺母拧上，拧紧后（用手拧不动了）用扳手再多拧 1/4～1/2 圈，保证安装的密封程度。因为不紧密的安装，不仅会引起装置的泄漏，而且有可能对色谱柱造成永久损坏。

（5）接通载气。当色谱柱与进样口接好后，通载气，调节柱前压以得到合适的载气流速。具体数值要依据实际的载气流速和方法要求而定。将色谱柱的出口端插入装有已烷的样品瓶中，正常情况下，我们可以看见瓶中稳定持续的气泡。如果没有气泡，就要重新检查一下载气装置和流量控制器等是否正确设置，并检查一下整个气路有无泄漏。等所有问题解决后，将色谱柱出口从瓶中取出，保证柱端口无溶剂残留，再进行下一步的安装。

（6）将色谱柱连接于检测器上，其安装和所需注意的事项同色谱柱与进样口连接大致相同。如果系统所使用的检测器是 ECD 或 NPD 等，那么在老化色谱柱时，应该将柱子与检测器断开，这样检测器可能会更快达到稳定。

（7）检查确保系统无泄漏。确定载气流量，对色谱柱的安装进行检查，如果不通入载气就对色谱柱进行加热，会快速且永久性的损坏色谱柱。

（8）通载气清洗系统。根据色谱柱在空气中的暴露情况、色谱柱的性能情况等，决定通气清洗时间的长短，大连华旗科学仪器有限公司建议，在情况不明确的情况，尽量时间长一点吹扫系统（1～2 h），以确保柱子中无氧气等杂质成分。

（9）色谱柱的老化。色谱柱安装和系统检漏工作完成后，就可以对色谱柱进行老化以除去残留溶剂和易挥发性物质，改善色谱柱的性能。

（10）设置、确认载气流速。对于毛细管色谱柱，载气的种类首选高纯度氮气或氢气，其中的含氧量越少越好。大连华旗科学仪器有限公司建议最好安装一个高容量脱氧管和一个载气净化器。使用ECD系统时，最好能在其辅助气路中也安装一个脱氧管。载气流速根据方法或仪器要求进行设定。

（11）柱流失检测。在色谱柱老化过程结束后，利用程序升温作一次空白试验（不进样）。一般是以10 ℃/min从50 ℃升至最高使用温度，然后保持10 min。这样我们就会得到一张固定相流失图。这些数据可能对今后作对比试验和实验问题的解决有帮助。在空白试验的色谱图中，不应该有色谱峰出现，如果出现了色谱峰，通常可能是从进样口带来的污染物。

如果在正常的使用状态下，色谱柱的性能开始下降，那么基线的信号值会增高。另外，如果在很低的温度下，基线信号值明显的大于仪器安装调试时的初始值，那么有可能是色谱柱和色谱仪系统有污染。

2. 凝胶色谱柱操作

（1）溶胀。商品凝胶是干燥的颗粒，通常以40～63 μm的使用最多。凝胶使用前需要在洗脱液中充分溶胀一至数天，如在沸水浴中将湿凝胶逐渐升温到近沸，则溶胀时间可以缩短到1～2 h。凝胶的溶胀一定要完全，否则会导致色谱柱的不均匀。热溶胀法还可以杀死凝胶中产生的细菌、脱掉凝胶中的气泡。

（2）装柱。由于凝胶的分离是靠筛分作用，所以凝胶的填充要求很高，必须要使整个填充柱非常均匀，否则必须重填。凝胶在装柱前，可用水浮选法去除凝胶中的单体、粉末及杂质，并可用真空泵抽气排出凝胶中的气泡。最好购买商品中的玻璃或有机玻璃的凝胶空柱，在柱的两端皆有平整的筛网或筛板。将柱垂直固定，加入少量流动相以排除柱中底端的气泡，再加入一些流动相于柱中约1/4的高度。柱顶部连接一个漏斗，颈直径约为柱颈的一半，然后在搅拌下，缓慢地、均匀地、连续地加入已经脱气的凝胶悬浮液，同时打开色谱柱的毛细管出口，维持适当的流速，凝胶颗粒将逐层水平式上升，在柱中均匀地沉积，直到所需高度位置。最后拆除漏斗，用较小的滤纸片轻轻盖住凝胶床的表面，再用大量洗脱剂将凝胶床洗涤一段时间。

（3）柱均匀性检查。凝胶色谱的分离效果主要决定于色谱柱装填得是否均匀，在对样品进行分离之前，对色谱柱必须进行是否均匀的检查。由于凝胶在色谱柱中是半透明的，检查方法可在柱旁放一支与柱平行的日光灯，用肉眼观察柱内是否有“纹路”或气泡。也可向色谱柱内加入有色大分子等，加入物质的分子量应在凝胶柱的分离范围，如果观察到柱内谱带窄、均匀、平整，即说明色谱柱性能良好；如果色带出现不规则、杂乱、很宽时必须重新装填凝胶柱。

（4）上样。凝胶柱装好后，一定要对柱用流动相进行很好的平衡处理，才能上样。凝胶柱的上样也是一个非常重要的因素，总的原则是要使样品柱塞尽量的窄和平整。为了防止样品中的一些沉淀物污染色谱柱，一般在上柱前将样品过滤或离心。样品溶液的浓度应该尽可能的大一些，但如果样品的溶解度与温度有关时，必须将样品适当稀释，并使样品温度与色谱柱的温度一致。当一切都准备好后，这时可打开色谱柱的活塞，让流动相与凝胶床刚好平行，关闭出口。用滴管吸取样品溶液沿柱壁轻轻地加入到色谱柱中，打开流出口，使样品液渗入凝胶床内。当样品液面恰与凝胶床表面平时，再次加入少量的洗脱剂冲洗管壁。重复上述操作，每一次的关键是既要使样品恰好全部渗入凝胶床，又不致使凝胶床面干燥而发生裂缝。随后可慢慢地逐步加大洗脱剂的量进行洗脱。整个过程一定要仔细，避免破坏凝胶柱的床层。

（5）冲洗。凝胶色谱的流动相一半多采用水或缓冲溶液，少数采用水与一些极性有机溶剂的混合溶液，除此之外，还有个别比较特殊的流动相系统，这要根据溶液分子的性质来决定。加完样品后，可将色谱床与洗脱液贮瓶及收集器相连，设置好一个适宜的流速，就可以定量地分布收集洗脱液。然后根据溶质分子的性质选择光学、化学或生物学的方法进行定性和定量测定。

（6）再生。因为在凝胶色谱中凝胶与溶质分子之间原则上不会发生任何作用，因此在一次分离后用流动相稍加平衡就可以进行下一次的色谱操作。但在实际应用中常有一定的污染物污染凝胶。对已沉积于凝胶床表面的不溶物可把表层凝胶去掉，再适当增补一些新的溶胀胶，并进行重新平衡处理；如果整个柱有微量污染，可用 0.5 molNaCl 溶液洗脱。在通常情况下，一根凝胶柱可使用半年之久。凝胶柱若经多次使用后，其色泽改变，流速降低，表面有污渍等就要对凝胶进行再生处理。凝胶的再生是指用恰当的方法除去凝胶中的污染物，使其恢复原来的性质。交联葡萄糖凝胶厂用温热的 0.5 mol/L 氢氧化钠和 0.5 mol/L 的氯化钠混合液浸泡，用水冲洗到中性；而对于聚丙烯酰胺和琼脂糖凝胶由于遇酸碱不稳定，则常用盐溶液浸泡，然后用水冲到中性。

(7) 保存。经常使用的凝胶以湿态保存为主，为了避免凝胶床染菌，可加少许氯仿、苯酚或硝基苯等化学物质，它可以使色谱柱放置几个月至一年。凝胶的干燥应先对凝胶进行浮选，除去细小的颗粒，并用大量水洗，除去盐和污染物，然后逐步增加浓度使凝胶收缩，在 60～80 ℃干燥，在整个操作过程中的蒸馏水、器皿和房间必须干净。琼脂糖凝胶的干燥操作比较麻烦，并且干燥后还不容易溶胀，所以一般仍以湿态保存为主。

3. 色谱柱使用中的注意事项

为延长柱寿命，尤其是毛细管柱，使用中应注意：

① 尽量少注射含有颗粒、高浓度脂类或难挥发组分的样品；

② 避免在接近或超过最高使用温度下长期工作；

③ 系统应有良好的密封性，各部件的选择上要考虑气体渗透可能带来的影响，防止 O_2 扩散到柱中；

④ 少注射水分含量高的样品；

⑤ 使用较高纯度的气体作为载气，任何时候都要考虑载气不纯可能带来的损害；

⑥选择溶剂时要注意溶剂不能对色谱柱产生破坏。

4. 色谱柱的老化

（1）老化的目的。色谱柱老化的目的是除去残留溶剂和易挥发性物质，使固定液液膜均匀、牢固地吸附在担体或管的内表面上。没有老化的柱子，会严重污染检测系统。长时间使用后的色谱柱如不重新老化，将使基线稳定性变坏和干扰分离等。

（2）老化时机。毛细管柱首先都要经过充分的老化，一般的商品毛细管柱，在出厂前都已经过充分老化；但在实际工作中，有很多时候需要操作者自己对色谱柱进行老化。存在下述情况时应考虑对色谱柱进行老化。

① 安装柱子之后；

② 更换密封垫或接头之后；

③ 维修之后；

④ 常规分析复杂的混合物一天之后；

⑤ 注射几次高极性或高沸点的化合物之后；

⑥ 第一次程序升温操作之前；

⑦ 当基线不稳定，色谱图出现“鬼峰”之时。

（3）老化方法。对色谱柱升至一恒定温度，特殊情况下，可加热至高于最高使用温度 10～20 ℃，但是一定不能超过色谱柱的温度上限，那样极易损坏色谱柱。当到达老化温度后，记录并观察基线。初始阶段基线应持续上升，在到达老化温度后 5～10 min开始下降，并且会持续 30～90 min。当到达一个固定的值后就会稳定下来。如果在 2～3 h 后基线仍无法稳定或在 15～20 min后仍无明显的下降趋势，那么有可能系统装置有泄漏或者污染。遇到这样的情况，应立即将柱温降到 40 ℃以下，尽快地检查系统并解决相关的问题。如果还是继续的老化，不仅对色谱柱有损坏而且始终得不到正常稳定的基线。

（4）老化的一般规则。

① 选择合适的老化温度和时间，在选择老化温度时要着重考虑以下几点：一是温度够高，以除去挥发性不好的物质；二是

温度必须控制好，不能超过色谱柱能承受的最高温度，以免引起柱流失，影响柱子的效能和使用寿命；三是温度越低老化时间越长。各种固定液因其性质和生产厂家不同而最高使用温度有所不同，所以要注意毛细管柱的说明。

一般来说，涂有极性固定相和较厚涂层的色谱柱老化时间长，而弱极性固定相和较薄涂层的色谱柱所需时间较短。PLOT色谱柱的老化方法各不相同。PLOT 柱的老化步骤：HLZ Pora 系列 250 ℃ 8 h 以上，Molesieve（分子筛）300 ℃ 12 h，Alumina（氧化铝）200 ℃ 8 h 以上，由于水在氧化铝和分子筛 PLOT 柱中的不可逆吸附，使得这两种色谱柱容易发生保留行为漂移。当柱子分离过含有高水分样品后，需要将色谱柱重新老化，以除去固定相中吸附的水分。柱子一经从仪器上拆卸下来，较长时间接触空气，在下一次使用之前，最好以较低的初始温度程序升温至最高使用温度老化 2～3 次。老化时间可从几十分钟到几小时，初次老化一般要进行 10 h 以上。毛细管柱老化无需太长时间。

② 应特别注意色谱柱第一次老化时，千万不能接检测器，否则会造成污染。

③ 老化中应注意载气的流速不宜过大，否则会破坏液膜的均匀性。

④ 老化时载气的纯度也有一定的要求。对极性柱，尤其是 PEG 类（聚乙二醇）、FFAP、含氰基的固定液（OV225、OV275），一定要用高纯氮气（最好高纯氮气经过脱氧），否则固定液会很快被氧化，以致不能使用。一般非极性柱在 250 ℃以下老化使用，可用普通氮气，在 250 ℃以上高温使用时，必须使用高纯氮气或普通氮气经过脱氧，以延长柱子的使用寿命。大连华旗科学仪器有限公司推荐使用纯度较高的气体进行操作，一方面是因为高纯氮气并不贵，另一方面防止造成不必要的损害。

5. 色谱柱的保存　色谱柱在不使用的时候要安全地保存起来，以延长其使用寿命。保存时要注意：

（1）毛细管柱要注意不能被划伤，划伤后的柱子可能会由于高温加热而使之从划痕处断裂。

（2）要堵上柱子两端以保护柱子中的固定液不被氧气和其他污染物所污染。

（五）高效液相色谱与联用技术

高效液相色谱适宜于分离、分析高沸点、热稳定性差、有生理活性及相对分子量比较大的物质，因而广泛应用于核酸、肽类、内酯、稠环芳烃、高聚物、药物、人体代谢产物、表面活性剂、抗氧化剂、杀虫剂、除莠剂的分析等物质的分析。

高效液相色谱法，只要求试样能制成溶液，而不需要气化，因此不受试样挥发性的限制。对于高沸点、热稳定性差、相对分子量大（大于400以上）的有机物（这些物质几乎占有机物总数的75%～80%）原则上都可应用高效液相色谱法来进行分离、分析。据统计，在已知化合物中，能用气相色谱分析的约占20%，而能用液相色谱分析的约占70%～80%。

随着生物技术的不断发展，越来越多的人接触到了生物技术并喜欢上这门学科。伴随着人们健康意识的不断提高，对生物来源的诸多生物活性物质重要性的认识也不断提高，人们回归自然界的呼声逐渐强烈，从天然资源中寻找新药或者其他生活用品变得热门起来，并且与我们的生活息息相关，如生病了吃的药，人们用的化妆品等，因此生物技术方法研究生物活性物质必然会成为一种趋势，深入人们的生活。

第三章

天然活性物质在家禽生产中的应用

第一节　饲用酶制剂在家禽生产中的应用

最早记载科学描述外源性酶制剂在动物营养中的作用可追溯到 20 世纪 20 年代，在此后的 30 年里，科学家开始研究外源酶在家禽饲料中的应用，并达到了广泛应用。

酶在动物体内消化与新陈代谢过程中起着非常重要的作用。动物能分泌到消化道内的酶主要属于蛋白酶、脂肪酶类和碳水化合物酶类。在消化酶的作用下，底物大分子物质（如蛋白质、脂肪、多糖等）降解为易被吸收的小分子物质，如寡肽、氨基酸、脂肪酸、葡萄糖等。饲用酶制剂大致可分为消化酶和非消化酶两大类。非消化酶是指动物自身不能分泌到消化道内的酶，这类酶能消化动物自身不能消化的物质或降解一些抗营养因子，主要有纤维素酶、木聚糖酶、β-葡聚糖酶、植酸酶、果胶酶等。消化酶是指动物自身能够分泌的淀粉酶、蛋白酶和脂肪酶类等。

饲用酶制剂不仅能消除饲料抗营养因子的有害作用，促进养分的消化和吸收，提高畜禽的生长速率、饲料转化效率和增进畜禽健康，而且能减少养殖业排污中氮、磷的排放，保护生态环境。应用饲用酶制剂是现代化养殖业中经济效益与生态效益兼顾的重要科学技术措施。

饲用酶制剂的商业化应用在国外约有 10 余年的历史。英国

20 世纪 90 年代初酶制剂在鸡饲料中添加率几乎等于零，而现在 95%以上的鸡饲料都添加酶制剂。中国如以珠海溢多利公司 1992 年推出溢多酶作为饲用酶商业化应用的起点，饲用酶制剂在中国的应用也有 20 多年历史。

一、饲料的组成

饲料原料中的脂肪和添加到饲料中的植物油或动物脂肪，在肠道经过乳化后才能与胰脂酶充分接触从而得以消化吸收。不饱和脂肪有利于乳糜微粒的形成。不饱和脂肪酸含量高的植物油消化吸收率高于动物油，动物油中猪油消化率高于牛油。幼龄动物对饱和脂肪酸的消化吸收能力较差，随着周龄增大而提高。

饲料中多糖又可分为营养性多糖和结构多糖。营养性多糖主要是淀粉和糖原，结构多糖在植物性饲料中也指非淀粉多糖，主要是植物细胞壁组成成分，包括纤维素、半纤维素、果胶。半纤维素又包括β-葡聚糖、阿拉伯木聚糖、甘露寡糖等。禾谷子实（如玉米、高粱、小麦和大麦等）是畜禽饲料中碳水化合物的主要来源，其主要成分是淀粉，非淀粉多糖含量也较高。豆类饲料原料中的非淀粉多糖主要是果胶和纤维素。非淀粉多糖在目前可以说是影响饲料有机物质消化利用的最主要因素，其中可溶性非淀粉多糖在动物消化道可增加食糜黏稠度，妨碍能量、氨基酸等养分的利用，对单胃动物产生抗营养作用。非反刍动物体内不能分泌纤维素酶、β-葡聚糖酶、木聚糖酶、果胶酶等，纤维素、果胶和大部分半纤维素只能被微生物有限地利用。

利用微生物生产的外源多糖酶添加到饲料中可以帮助畜禽消化利用这些非淀粉多糖，如β-葡聚糖酶可水解β-葡聚糖，木聚糖酶可水解阿拉伯木聚糖，从而降低其抗营养作用，提高动物生产性能。植酸（6-磷酸肌醇）存在于所有植物性饲料中。植酸状态磷的含量一般占总磷量的 60%～80%。植酸还可和矿物元素、蛋白质及一些消化酶等结合，降低这些养分的利用率或酶的活性。非反刍动物仅消化道上皮细胞分泌少量植酸酶，后肠道中的微生物可产生少量。非反刍动物对饲料中植酸磷的利用率很低，小于10%。

二、饲料中酶制剂的种类及主要作用

（一）饲料中酶制剂中主要种类及分类

世界上已发现的酶的品种有1 700多种，生产用酶已达300多种，饲用酶也有20多种。这些酶主要为消化性酶，多为水解系列酶。主要有纤维素酶（C1酶、Cx酶、β-1,4-葡萄糖苷酶）、半纤维素酶、果胶酶、淀粉酶（淀粉酶、糖化酶）、蛋白酶（中性蛋白酶、酸性蛋白酶）、植酸酶。

饲用酶制剂的分类方法很多。根据饲用酶制剂中所含酶种类的多少可分为：饲用单一酶制剂和饲用复合酶制剂。由于饲料成分的多样性，所以复合酶制剂比单一酶制剂效果更好，也更为常用。

1. 单一酶制剂 主要的单一酶制剂有如下几类：

（1）淀粉酶。包括糖化酶、α-淀粉酶、β-淀粉酶等。α-淀粉酶和β-淀粉酶可直链和支链淀粉水解为双糖、寡糖和糊精，经糖化酶再分解为葡萄糖。糖化酶能将α-淀粉酶分解的中低分子物质并进一步水分解为葡萄糖，被动物吸收利用。

（2）蛋白酶。蛋白酶是降解蛋白质肽链的水解酶，有酸性、中性和碱性之分，饲料中选用酸性、中性，主要有胃蛋白酶、胰蛋白酶、木瓜蛋白酶等。

（3）植酸酶。能将豆类、谷实类及其他副产品等饲料中植酸盐水解出磷酸根，以及被植酸螯合的钙、镁、铜、锌等离子，为猪、禽等单胃动物吸收利用。谷物中的磷绝大多数是以植酸磷的形式存在，动物本身不分泌植酸酶，所以对谷物中这部分磷的利用率较低。通过在饲料中添加微生物分泌的植酸酶，就可以将这部分磷分解释放出来，从而减少无机磷在饲料中的添加量，降低饲料成本，并且可以减少动物粪便中磷的排泄量，降低环境污染。是目前应用较多且前景最好的一种绿色饲料添加剂。

（4）纤维素酶。包括 C1 酶、Cx 酶和 β-1,4-葡萄糖苷酸酶，在其共同作用下，能将饲料中的纤维素分解成葡萄糖，并将释放其他养分（如蛋白质、脂肪、淀粉等），为畜禽消化和吸收利用。

（5）半纤维素酶。包括木聚糖酶（戊聚糖酶）、聚半乳糖酶等，可将植物细胞中的半纤维素水解为五碳糖，并降低半纤维素溶于水后的黏度。

（6）β-葡聚糖酶。β-葡聚糖广泛存在于多种植物原料中，黏性较大，是影响营养分子传递和吸收的一个重要的抗氧因子。β-葡聚糖酶能水解葡聚糖等大分子，降低消化道中物质的黏度，促进营养物质的吸收。β-葡聚糖酶是酶制剂饲料添加剂中较为重要和应用较广泛的一种酶。

（7）果胶酶。果胶质是植物性原料中一种抗营养因子，影响饲料的利用率。果胶酶可裂解植物细胞壁单糖之间的糖苷键，分解植物表皮的果胶，促进植物组织的分解，促进营养成分的消化和吸收。果胶酶也是较常用的一种饲料酶制剂。

（8）木聚糖酶。木聚糖是植物细胞壁的主要成分之一，属于非淀粉多糖，为一种广泛存在于植物中的半纤维素，它是由 β-1,4-糖苷键连接而成的木糖聚合物。通常，木聚糖以异质多糖形式存在并与纤维素结合在一起。木聚糖酶是木聚糖的专一降解酶，属于水解酶类，包括内切木聚糖酶、外切木聚糖酶和木糖苷酶 3 种。木聚糖酶耐热性较好，动物肠道内的温度、pH 对其活性影响不大，而且能耐受制粒过程中的高温，这使其在动物饲料中的运用具有独特优势。

（9）β-葡萄糖苷酶。将纤维二糖、纤维三糖及其他低分子纤维糊精分解为葡萄糖。主要是将植物细胞中的半纤维素酶分解为各种五碳糖，并可降低半纤维素溶于水后的黏度。

以上酶类根据在饲料中的作用可分为两类：

一类是消化性酶，主要指畜禽消化道可以合成和分泌，但因某种原因需要补充和强化的酶种，如淀粉酶、蛋白酶等；

另一类是非消化性酶，主要指动物通常不能合成与分泌，但饲料中又有其相应底物存在（多为抗营养因子）而需要添加的酶种，如木聚糖酶、果胶酶、甘露聚糖酶、β-葡聚糖酶、纤维素酶、植酸酶等。

2. 复合酶制剂　复合酶制剂是以一种或几种单一酶制剂为主体，加上其他单一酶制剂混合而成，可同时降解饲料中的多种养分和多种抗营养因子，效果优于单一酶制剂。

复合酶制剂根据不同动物和不同动物生长阶段的特点进行配制，有较好的作用，是目前最常用的饲料添加剂。国内外复合酶制剂主要有以下酶类：

（1）以蛋白酶、淀粉酶为主的饲用复合酶，主要功能为补充内源性消化酶不足，适用于小动物。

（2）以木聚糖酶、果胶酶、甘露聚糖酶为主的饲用复合酶，主要功能为消除玉米—豆粕、小麦—豆粕等类型口粮的黏性抗营养因子，在中国的饲料生产中经常使用。

（3）以葡聚糖酶为主，木聚糖酶等为辅，消除大麦、黑麦型日粮的黏性抗营养因子，欧美国家应用比较广泛。

（4）蛋白酶、淀粉酶、木聚糖酶、果胶酶等兼而有之，为通用型饲用酶制剂。饲用复合酶制剂中各种酶的种类和比例与动物饲粮有关，不同饲粮所含抗营养因子的种类和比例不同，需要饲用酶制剂所含酶的种类和比例也不同。此外，也与动物种类和生长阶段有关，不同动物种类和生长阶段需要饲用酶制剂所含酶的种类和比例也有所不同。

因此，饲用复合酶制剂中各种酶的配比既和饲料化学成分的性质有关，也和动物消化系统的生理特点有关。一种好饲用复合酶制剂产品，需要熟悉酶制剂生产工艺的微生物发酵专家和熟悉饲料成分及动物消化生理特点的饲料营养专家来共同设计。在饲料工业和养殖业中如何正确合理地应用饲用酶制剂，也需要动物营养和饲料科学的专家来共同指导。

（二）酶制剂饲料添加剂的作用

1. 直接分解营养物质，提高饲料利用率 饲用酶制剂可以在动物的消化道内，将饲料中的大分子物质水解为易吸收的小分子物质，降低营养物质在粪便的排出量，即对内源酶起辅助补充作用。

雏鸡大多数消化酶在2周龄左右才发育到高峰，个别的（如脂肪酶）还要到21日龄左右。Noy等（1995）发现雏鸡21日龄十二指肠分泌的胰蛋白酶是4日龄的50倍。从4日龄到21日龄，小肠氮消化率从78%提高到92%。21日龄淀粉酶活性是4日龄的100倍，淀粉的消化率从4日龄的82%上升到21日龄的89%。因此，消化酶分泌不足是雏鸡对饲料利用的主要限制因素之一。

在幼龄动物消化酶发育不完善、年老动物消化酶分泌能力降低以及受到应激或疾病感染后的动物引起消化酶分泌紊乱等情况下，外源消化酶可补充内源酶的不足，增强动物对饲料养分消化吸收能力，从而提高畜禽生产力和饲料转化效率。

2. 消除抗营养分子，改善消化机能 麦类谷物（小麦、大麦、黑麦和黑小麦）胚乳细胞壁含有可溶性非淀粉糖、果胶、植酸、纤维素聚合物，豆粕等饼粕类饲料中含有多种抗营养因子（胰蛋白酶抑制因子、植物凝集素和α-半乳糖苷）。这些可溶性非淀粉多糖使食糜黏度增大，食糜的流通及消化速率降低，因此这些谷物也被称为黏性谷物。流通缓慢和黏性食糜也有利于微生物增殖，微生物消耗营养，尤其在年龄较大和消化道发育成熟的畜禽后肠道。在日粮中添加非淀粉多糖酶，特别是β-葡聚糖酶、植酸酶、果胶酶和纤维素酶，一方面可打破细胞壁中纤维素、半纤维素和果胶等对养分的束缚，让消化酶迅速充分地接触饲料养分，使营养物质更好地被利用；另一方面，加快饲料养分吸收，减少后肠道食糜中可供微生物利用的有效养分含量，肠道微生物增殖受到控制，有利于畜禽健康，尤其是减少使用抗生素或不使用抗生素的情况下效果更加明显。玉米和高粱属于非黏性谷物或低黏性谷物，其中非淀粉多糖含量低。这些谷物为主的日粮中添加非淀粉多糖酶可以减小其营养价值的变异，提高饲养效果和畜禽群体的整齐度，增加经济效益。

3. 激活内源酶的分泌，提高消化酶的浓度 由于酶制剂的使用，可提供更多可供多种酶的基质，从而激活动物体内多种消化酶更多地分泌，提高消化酶的有效含量，加速营养物质的消化和吸收，从而提高饲料利用率，加速动物的新陈代谢，促进动物生长。

4. 减轻畜牧生产对环境的污染 现代化的养殖业主要以大规模集约生产为基本特征，对环境的污染日趋严重，如氮、磷造成的水体富营养化问题。在饲料中添加酶制剂，如蛋白酶和植酸酶等，可以增加饲料利用率，减少粪便中有机物、氮和磷的排泄量，减轻环境污染。在含黏性谷物的日粮中添加非淀粉多糖酶，可降低食糜和排泄物的黏度，对于家禽可以改善蛋壳清洁度、避免垫料含水率过高和有害菌大量增殖，改善禽舍环境。添加植酸酶可降低排泄物中磷含量20%～50%，也可提高氮的利用率。

三、适当选择和合理使用饲用酶制剂

（一）依据动物的种类和日龄不同，选择使用消化酶

对于家禽，在一些特殊的生长发育阶段和饲养管理条件下会出现内源消化酶分泌不足，如幼龄动物消化酶发育不完善、年老动物消化酶分泌能力降低以及受到应激或疾病感染后的动物消化酶分泌紊乱等情况。外源消化酶可补充内源酶的不足，增强动物

对饲料养分的消化吸收能力，从而提高家禽生产力和饲料转化效率。选用适当的消化酶制剂弥补内源酶的不足，可以提高畜禽生产力和改善饲料利用效率。肉仔鸡的食量远大于蛋用雏鸡，但两者胰腺消化酶的分泌近似。肉仔鸡在同样的消化酶水平下要处理更多的食糜，日粮中补加外源性消化酶则显得更重要，饲喂效果显著。

温度和酸碱度是影响酶作用效果的两大环境因素，各种酶都具有各自最适宜（具有最大活性）的，甚至是维持其结构和性质稳定性的环境温度和酸碱度。家禽肠道酸碱度和温度相差较大，适用于猪的酶制剂品种或酶活力数量不一定适用于家禽。同一类酶（如蛋白酶）可有不同的来源和性质，如有植物、细菌和真菌来源，不同来源的同一类酶也可能有不同的环境适应性。因此在选择畜禽酶制剂时应注意不同的酸碱性。

（二）针对目标底物（日粮类型）选用酶制剂种类

由于酶作用的底物特异性，要使饲用酶制剂发挥优良的效果，在应用时必须考虑饲料原料特性。不同饲料原料的组成和化学结构都有特殊性。在小麦和黑麦中主要的非淀粉多糖是阿拉伯木聚糖；而在大麦和燕麦中除了阿拉伯木聚糖外主要是β-葡聚糖；豆科种子中主要是果胶。可见，用于小麦豆粕型饲料的酶应主要是木聚糖酶、果胶酶和纤维素酶，而用于大麦豆粕型饲粮的则主要是β-葡聚糖酶、果胶酶、木聚糖酶和纤维素酶。

植物饲料原料中的植酸相对上述碳水化合物而言比较简单，它具有固定的化学结构和特性，在植酸酶的使用方面要考虑的因素也就简单得多。

（三）根据目标底物含量确定酶制剂的适宜用量

在日粮中使用非消化酶类的目的在于提高饲料中畜禽依靠内源酶不能消化物质的利用率或消除其抗营养作用。若底物过少，加酶就不会产生出明显的改进效果；若底物量过多，添加的酶量或酶活性不充足，则所能降解的底物数量有限，效果也不佳。这就要求底物与酶制剂用量之间应有适宜的比例关系，根据目标底物含量，确定添加酶制剂的用量。

对饲用酶制剂中绝大多数酶的活力大小的度量还没有统一的标准。由于测定所选用的酸碱度、温度和底物对酶活力测定结果影响很大，表现出从酶活力指标难以判断酶制剂的质量优劣，具有相同酶活力的产品的使用效果差异较大。

（四）确定酶制剂的营养改进值或营养当量，对日粮配方进行优化

使用酶制剂的方式有两种：

一是直接在根据经典的饲料营养参数设计的日粮中添加酶制剂，该方式简单易行，会提高畜禽生产性能，但将增加饲料成本；二是根据酶制剂提高畜禽生产性能和改善饲料利用的程度，适当降低根据经典饲料营养参数设计的日粮营养水平或利用廉价饲料原料配制日粮，这样可以做到在保持动物生产性能不下降的情况下降低饲料成本。

第二种方式所能达到的完美程度依赖于配方技术人员对酶制剂和饲料原料信息的了解程度，如果酶制剂供应商能够在充分科学实验的基础上提出某种酶制剂所能改进的饲料养分消化率的大小或相当的营养价值［可以称作营养改进值（INV）或营养当量（NE)］，在制作配方时应用这些 INV 或 NE 对经典的饲料营养参数进行调整后再进行计算，就可以达到较高的精准度，实现真正的优化。

上述技术信息也应是用户考察和选择酶制剂供应商的重要参考指标。

（五）全面考虑日粮的营养平衡、商品属性和经济成本

酶制剂使用前后所能产生的饲喂效果的显著差异常见于一些

非常规日粮类型，如非淀粉多糖酶制剂应用于以麦类作为主要能量饲料的畜禽日粮中。在日粮类型发生较大变化时，只考虑酶制剂的 INV 或 NE 而力求降低日粮成本是不够的或说是偏颇的，还应该全面考虑日粮的营养平衡，对因为日粮类型改变可能导致的某些营养亏缺进行弥补。例如，以小麦作为主要能量饲料的日粮与玉米型日粮比较就更易出现生物素缺乏。商品属性也赋予商品饲料重要的价值，饲料原料类型的改变有时也会有损用户已经习惯和喜好的商品特点，如色泽等。弥补营养亏缺和商品属性都会有成本增加。

（六）适当的饲料加工工艺，保障酶制剂的应用效果

酶是蛋白质，除了极个别酶可以在 90 ℃左右高温保持结构和功效的稳定，绝大多数不具有耐受 70 ℃以上高热的性质。没有经过特殊稳定性处理的酶制剂很难经受住制粒工艺而仍维持较高的活力，更不能适应膨化工艺。对于必须制粒或膨化的饲料，宜采用后喷工艺技术将饲用酶（液态）均匀添加到配合饲料中。

四、饲用酶制剂应用技术

酶作为催化剂本身在反应过程中不容易被消耗，在动物体内消化与新陈代谢过程中起着重要的作用，目前酶作为一种绿色添加剂已在饲料生产加工中得到广泛的应用。饲料用酶多为水解酶，这类酶主要包括蛋白酶、纤维素酶、脂肪酶、果胶酶、淀粉酶、植酸酶等。目前市场上开发的单一酶制剂产品主要有植酸酶、木聚糖酶，其余饲用酶制剂大多是包含多种酶的复合制剂，复合酶制剂中的各种酶活起着互相补充、相辅相成的作用，在各种酶的共同作用下，动物饲料中的一些抗营养因子被破坏，其抗营养作用消失，因而可以促进动物的生长，提高动物的免疫力，增进动物健康。同时，酶制剂具有不产生残留，无毒副作用等优点，不但能提高畜产品的质量，也可减少废弃物对环境的污染。

下面就饲用酶制剂当前应用的一些要点作简要分析和总结，以期对广大饲用酶制剂应用者提供参考。

（一）饲用酶制剂应用原理

1. 提高畜禽消化道内源酶活性，补充内源酶的不足　畜禽消化道内缺乏植酸酶、纤维素酶以及其他的一些非淀粉多糖酶，因而多建议在饲料中添加外源酶制剂，以改善饲料品质，提高饲料利用率；正常的健康成年动物，在适宜的生产条件下，能分泌足够的消化饲料中淀粉、蛋白质、脂类等养分的酶，但动物处于高温、寒冷、转群、疾病等应激状态时，动物分泌酶的能力较弱或者易出现消化机能紊乱，内源消化酶分泌减少。因此在日粮中添加外源性消化酶，可以补充内源酶的不足，提高饲料的利用率，改善动物的消化能力，减少应激条件下生产能力的下降，同时还可以促进内源酶的分泌。

2. 破坏植物细胞壁，提高饲料的利用效率　家禽饲料组分多为谷物类及粕类，而植物的细胞由一层细胞壁包围着，细胞壁的主要成分是非淀粉多糖，包括阿拉伯木聚糖、β-葡聚糖、纤维素和果胶等。它们是细胞内容物养分（如淀粉、蛋白质和脂肪）和消化酶接触的机械屏障。谷粒虽经机械加工使部分细胞壁受到破坏，但大部分未被触动。添加外源性非淀粉多糖酶，可有效地溶解植物细胞壁，释放被包埋的养分。同时，具有活性的各种酶能有效地将饲料的一些大分子多聚体分解和消化成动物容易吸收的营养物质，或分解成小片段营养物质，使其他消化酶进一步消化这些动物本身难以分解和吸收的大分子物质，从而提高植物细胞内养分利用率。

3. 消除饲料中的抗营养因子，促进营养物质的消化吸收

饲料中的抗营养物质是指饲料本身含有，或从外界进入饲料中的阻碍养分消化的微量成分，如影响蛋白质消化的抗营养物质或营养抑制因子有蛋白质酶抑制剂、凝结素等，影响矿物质消化利用的有植酸、草酸等，以及植物细胞壁中含有的木聚糖、纤维素、β-葡聚糖、甘露聚糖、果胶等难以消化的物质，抗营养因子不能被作为养分消化吸收，且干扰整个日粮其他营养的消化吸收和利用，阻碍动物内源消化酶与细胞内营养物质的作用，降低饲料中脂肪、淀粉和蛋白质营养价值。而饲用酶制剂可以有效地降解这些抗营养因子，促进日粮消化吸收，提高动物生产性能。

4. 改善肠道内微生物区系，提高免疫功能 小麦、大麦、燕麦和黑麦中的非淀粉多糖（主要是β-葡聚糖和戊聚糖）能大幅度提高胃肠道黏度，继之引起肠道机械混合内容物的能力严重受阻，从而改变微生物区系、菌虫数量，使得更多的养分到达后肠难以吸收，用葡聚糖酶和戊聚糖酶降解可溶性非淀粉多糖，能降低食糜的黏度，提高饲料消化吸收效率进而减少肠道后段微生物的活动。酶制剂在动物胃肠道应用产生的寡聚糖还可以显著激活动物巨噬细胞的活性，充当免疫刺激的辅助因子，调节机体免疫系统，提高抗体免疫应答能力，从而增加动物体液及细胞免疫能力。

（二）饲用酶制剂应用技术

1. 根据科学指标应用酶制剂 酶制剂的高度专一性决定了酶制剂产品使用的严格要求，随着植酸酶等单一酶制剂在饲料中得到普遍推广，目前在饲料行业中使用复合酶制剂也越来越广泛。衡量饲用酶制剂质量水平和作用效果的依据主要是酶的种类和含量，以及酶的活性和稳定性。由于酶的一些检测指标目前较难检测和判断，因此在选用时应特别注意。在选用酶制剂产品时最好选用一些信誉度较好、被人们广泛认可的产品，有条件最好进行一些试验后再大量应用。

2. 根据动物的种类和不同生长阶段应用酶制剂 由于酶有高度的专一性和特异性，不同动物品种和不同生长阶段，动物体内酶的种类和数量并不相同，因此根据不同动物和不同生长阶段的特点，选用合适的酶制剂，才能有效地发挥和提高酶制剂的作用效果。动物幼龄阶段，消化系统的发育尚不完善，多种消化酶都分泌不足，是使用消化酶类制剂较理想的阶段，一般应选用含有多种消化酶，特别是蛋白酶和淀粉酶为主的酶制剂。动物成年阶段，动物的消化机能较为完善，对多种营养物质都有较好的消化能力，因此应用时最好选用β-葡聚糖酶、果胶酶等对抗营养因子有消除作用的酶制剂。

酶制剂使用方法应因动物品种不同存在一定差异。家禽由于具有嗉囊，且食糜在嗉囊中停留一定时间，酶制剂在此条件下，可对饲料中的底物进行分解，但由于肉禽的采食量相对大于蛋禽，食糜在肉禽消化道中的停留时间相对比蛋禽短，因此蛋禽饲料中单位酶活性所发挥的作用要大于肉禽。

3. 根据饲料中原料情况应用酶制剂　由于酶制剂作用的特异性，要使酶制剂发挥效应，应用时必须考虑日粮的原料组成。饲料配方中原料的使用品种和用量不同、原料产地不同、收获季节不同，原料的成分含量会有差异。以玉米—豆粕型为主原料类型的日粮，最好应用以木聚糖酶、果胶酶和β-葡聚糖酶为主的酶制剂；饲料较多使用小麦、大麦和米糠等原料，应选用以木聚糖酶和β-葡聚糖酶为主的酶制剂；饲料原料中稻壳粉、统糠和麦麸等含量较多时应选用以β-葡聚糖酶、纤维素酶为主的酶制剂；而饲料中原料较多使用菜籽粕、葵花籽粕等蛋白质含量较高的原料，最好选用以纤维素酶、蛋白酶和甘露聚糖酶为主的酶制剂。植酸酶主要作用于单一的特定底物植酸，只要使用的饲料中含有足够的植酸，就可以使用植酸酶。

4. 根据饲料生产工艺应用酶制剂　酶是一种蛋白质，对热、光、酸等较敏感，而饲料在生产过程中，由于粉碎、预混、制粒以及其他添加剂的影响，都可能使酶的活性受损甚至变性，因此使用酶制剂应尽可能减少生产工艺对酶活性的影响。在实际生产中，颗粒饲料的使用越来越普遍，在制粒或膨化的调制过程中，高温高湿使饲料中的酶受到不同程度的破坏，特别是制粒的温度最好不要超过 75 ℃，以保证酶制剂有较好作用效果。商品化植酸酶主要是酸性植酸酶，其剂型以高活性颗粒型和吸附型为主，但是对高温湿热的耐受性较差。因此，对于需要制粒的饲料而言，应选用耐高温制粒专用植酸酶或采用液体植酸酶进行制粒后喷涂。使用酶制剂的饲料最好尽快使用，贮存期限一般不宜太长。

（三）饲用酶制剂应用效果

1. 在蛋鸡生产中的应用 目前，关于饲用酶制剂在家禽日粮中的应用研究国内外有许多报道。其中关于蛋鸡中的应用主要是添加植酸酶报道较多，大多数研究结果表明，植酸酶对蛋鸡的生产性能有所改善，能显著降低粪中磷的排出量，减少环境污染。但在蛋鸡玉米—豆粕型常规日粮和在玉米—杂粕型非常规日粮中添加复合酶制剂的报道则相对较少。梅学文和陈宝江（2009）研究了非淀粉多糖复合酶对蛋鸡生产性能的影响，结果表明，在玉米—豆粕—杂粕型饲料中添加一定量的非淀粉多糖复合酶可以替代饲料中部分植物油，不但未影响生产性能，而且略有提高，且在蛋鸡日粮中添加非淀粉多糖复合酶，能够提高蛋鸡生产性能及饲料转化效率。高正义等（2008）研究在玉米—杂粕日粮中添加复合酶对商品蛋鸡生产性能及蛋品质的影响，结果表明，在杂粕几乎完全取代豆粕的情况下，添加杂粕复合酶的试验组比不加酶的对照组产蛋率显著提高（$P<0.05$），与豆粕日粮组相比，蛋鸡的产蛋率差异不显著（$P>0.05$），各处理组间在平均采食量、平均蛋重、料蛋比、破蛋率、软蛋率、脏蛋率均没有显著性差异（$P>0.05$）。一系列研究结果表明，在蛋鸡日粮中添加复合酶制剂，可提高蛋鸡的产蛋性能和饲料转化率以及能量和蛋白质的利用率，改善产蛋性能。

2. 在肉鸡生产中的应用　肉鸡日粮一般以高鱼粉、高玉米、高豆粕为主，造成饲料成本居高不下。为减少这些高成本饲料原料的使用量，降低饲料成本，广泛采用廉价的饲料原料。据试验：在肉鸡日粮中提高富含纤维的麦麸比例，添加0.05%、0.1%纤维素酶制剂进行试验，结果表明，添加0.1%纤维素酶组比对照组在1～2周、3～6周、7～8周三个生长阶段日增重分别提高4.31%、4.54%、4.13%，耗料比分别下降1.56%、4.50%、4.3%。另实验：在蛋鸡日粮中添加0.1%、0.15%、0.5%纤维素酶，结果表明，在1～10月的产蛋期间，产蛋率分别提高0.53%、1.25%、2.88%，酶水平0.15%和0.5%组的破蛋率降低34.49%、16.19%，蛋壳强度分别提高14.71%和8.41%。

自20世纪50年代首次报道将β-葡聚糖酶添加到以大麦为基础的日粮中饲喂肉鸡以来，有关酶制剂用于肉鸡非常规日粮（以大麦、小麦为基础的日粮）的报道日益增多，酶制剂的效果也得到了充分肯定。在肉鸡的麦类和非常规日粮中添加以木聚糖酶、β-葡聚糖酶为主的复合酶制剂，可有效提高肉鸡生产性能和养分利用率，降低死亡率，减少肠道食糜黏度，减少环境污染。张辉华等（2009）在低能小麦型日粮中添加复合酶制剂以研究对黄羽肉鸡生长性能的影响，结果表明，复合酶制剂可以促进黄羽肉鸡的增重及降低料重比，但能量的降低幅度、小麦的使用量及肉鸡生长阶段对该酶制剂的作用效果有影响。丁磊（2008）研究不同酶制剂对肉鸡生产性能影响的结果显示，试验组在日增重、料肉比、成活率、均匀度等方面与对照组比较均明显提高。同时各营养物质代谢率、胴体品质均优于对照组，并且复合酶的作用效果优于各单一酶。国外研究大多集中在高黏度日粮（以大麦、小麦等为基础日粮），综合结果表明，添加复合酶制剂（含非淀粉多糖酶），可显著降低肉鸡肠道食糜黏度，改善肉鸡生产性能和提高营养物质利用率（Bedford等，1996，1999）。

（四）小结

饲料酶制剂已在新型饲料资源开发利用、降低饲料配方成本、提高饲料消化率和减少畜禽污染物排放等方面发挥了巨大作用，但其潜能尚远未发挥。随着对各种单酶的酶学特征研究的深入，以及复合酶的组合配制更加科学合理，都有助于提高酶制剂在饲料中的添加效果，促进酶制剂在饲料中的推广应用。

第二节　微生态制剂在家禽生产中的应用

微生态制剂应用广泛，兼有养生和保护功能，能起到“已病辅治、未病防病、无病保健”的重要作用。目前，对微生态制剂的开发和研究已进入高潮，并且形成强大的产业，每年的收入相当可观。下面综述了微生态制剂的基本概念、种类及对作用机理的研究进展，并对其在养鸡生产中的应用现状及研究发展方向做了简单的探讨。

动物微生态制剂是根据动物微生态学理论，利用动物体内正常微生物成员及其代谢产物或生长促进物，经培养、发酵、干燥、加工等特殊工艺制成的生物制剂或活菌制剂。它具有补充、调整或维持动物肠道内微生态平衡，达到防病、治病、促进健康和提高生产性能的目的。我国微生态制剂的研究起源于20世纪70年代末至80年代初，90年代以后进入产业化研制、开发及大规模生产期。近年来，动物微生态制剂得到了空前发展，在畜牧生产中的应用也日益广泛。

一、动物微生态制剂的分类

动物微生态制剂分类方法较多，根据不同的分类依据可有不同的划分方法。

（一）根据微生态制剂的物质组成划分

根据微生态制剂的物质组成则可分为益生素（Probiotics）、益生元（Prebiotics）及合生元（Synbiofics）。

（1）益生素是指改善宿主微生态平衡而发挥有益作用，达到提高宿主健康水平和健康状态的活菌制剂及其代谢产物；

（2）益生元是指一种非消化性食物成分，能选择性促进肠内有益菌群的活性或生长繁殖，起到增进宿主健康和促进生长的作用；

（3）合生元又称为合生素，是指益生菌和益生元的混合制品，或再加入维生素、微量元素等。其既可发挥益生菌的生理性细菌活性，又可选择性地增加这种菌的数量，使益生作用更显著持久。

（二）按微生物种类划分

根据微生物的种类可分为芽孢杆菌制剂、乳酸杆菌制剂、酵母类制剂及复合微生态制剂。

（三）按微生态制剂的用途和作用机制划分

可分为微生态饲料添加剂和微生态药物。前者可直接提高饲料转化率，促进畜禽生长，同时可防治疾病。后者可直接防治疾病从而间接提高饲料转化率，促进畜禽生长。

（四）根据菌种组成分类

根据菌种组成，可分为单一菌制剂和复合菌制剂。单一菌制剂中只有一种活菌；而复合菌制剂中则存在多种菌种，不同复合菌制剂间只是菌种及菌间配比不同而已。一般来说，复合菌制剂的应用效果要优于单一菌制剂，这主要是由于复合菌间存在着互补或协同作用的原因，市售产品多为复合菌制剂。

二、微生态制剂的作用机理

（一）改善胃肠道微生态环境

1. 优势种群说 正常的胃肠道菌群由宿主和微生物本身所决定，是微生物与其宿主在共同的历史进化过程中形成的微生态系统。在微生态系统中，优势种群对整个微生物群起决定作用。一旦失去了优势种群，则原微生态平衡失调，此时腐败菌和致病菌大量繁殖，使动物容易感染疾病，影响动物的生长发育。当摄入一定量的有益菌后，消化道内有益菌群得到了及时有效的补充，使有益菌在数量上和作用强度上均占绝对优势，抑制致病菌群的增殖，从而维持肠道内菌群的平衡。微生态制剂主要通过以下几种方式维持有益菌在胃肠道中的优势地位：直接充实有益的优势菌群，并使之在肠道内定植；与有害菌竞争养分或吸附位点；消耗氧气，形成无氧环境（一般有害菌为需氧菌）；产生抑菌物质，如乳酸、过氧化氢、溶菌酶和抗菌物质等。

2. 拮抗作用 在有益菌的生长代谢过程中，会产生一些具有拮抗病原微生物活性物质，如有机酸（乳酸、乙酸、丙酸等）、过氧化氢、二氧化碳等，从而抑制病原微生物。另外，双歧杆菌还能降解结合型胆酸为抑菌作用更强的游离型胆酸。研究表明，很多乳酸菌能产生细菌素，如乳链菌素、乳酸菌素、嗜酸菌素，对病原菌有抑制作用。Dunne 等发现唾液乳杆菌（Lb. salivarius）UCC118 产生的细菌素具有较广谱的抑菌性。双歧杆菌能产生 Bifidin 菌素，其主要由苯甲基丙氨酸和谷氨酸组成，对肠道腐生菌起抑制作用。另外，有益菌通过竞争营养物质，限制有害菌生长。

3. 生物夺氧说 需氧芽孢杆菌在宿主肠道内迅速定植并生长繁殖，消耗氧气，称生物夺氧。好氧菌特别是芽孢杆菌在繁殖过程中消耗肠道氧气，造成局部厌氧环境，降低氧化—还原电势，促进厌氧正常菌的繁殖，抑制需氧和兼性厌氧病原菌生长，使失调菌群恢复到正常。另外，酵母可以分泌一些消耗肠道氧气的生长因子，促进肠道有益菌的生长，维护菌系平衡。

4. 清除肠道有毒物质　肠道化学物质的组成也是微生态环境的重要影响因素，毒性胺、硫化物、酚类和吲哚等都是对肠道有刺激性和毒性的物质，是肠道腐败菌活动增强的标志。Ohashi等报道乳酸菌能明显增加挥发性有机酸的浓度，降低粪便的pH。Fujiwara等报道服用了由格氏乳杆菌发酵的酸奶后，粪便中的对甲酚/吲哚浓度降低。

（二）微生物的代谢途径

微生态制剂中的活菌在代谢过程中产生一些有益代谢产物，如有机酸、过氧化氢、各种酶、维生素等。有机酸如乳酸、乙酸、丙酸等能够降低肠道pH，从而能够抑制病原菌的生长繁殖，使有益菌占优势地位。同时在酸性环境中，胃蛋白酶原被激活成有消化能力的胃蛋白酶，有利于蛋白质的消化吸收。另外，有机酸还可加强肠道的蠕动和消化液的分泌，促进营养物质的消化吸收。过氧化氢能使细胞膜脂肪发生过氧化反应从而产生细胞毒性，或者产生具有细胞毒性的羟基。微生态制剂中有益菌在肠道内的代谢过程中还能够合成多种维生素、氨基酸等营养物质，产生蛋白酶、脂肪酶、淀粉酶等酶类，促进营养物质消化、吸收，从而促进动物生长。

（三）调节动物机体免疫功能

微生态制剂可以提高机体细胞免疫和体液免疫反应，主要表现为激活单核吞噬细胞，增强自然杀伤细胞的活力，促进TB淋巴细胞的增殖、成熟，促进细胞因子和抗体的表达，从而提高机体局部或全身的防御功能，发挥自稳调节、抗感染、抗肿瘤效应。微生态制剂调节动物免疫机能，可能是益生菌提供信号物质，病原体相关分子特质结构（PAMP），如肽聚糖（PG）、胞外多糖（EPS）等，它被识别后向胞浆内传导信号，激活 NF-κB 等转录因子和蛋白激酶，释放 IL-1、IL-6、IL-8、IL-10、IL-12、TNF-α，一氧化氮合成酶等，在免疫应答中发挥作用。

三、微生态制剂在家禽生产中的应用

随着家禽养殖业的发展，特别是集约化养殖场的增多和规模不断扩大，家禽不可避免的经常会遭遇应激问题，如饲养密度过大、免疫、过冷、过热、惊吓、换料、噪声以及圈舍的卫生状况太差等，这均会使鸡的消化道微生态平衡遭到破坏，使其免疫力下降，生产性能下降，抗疾病能力下降，而微生态制剂可解决这些问题。

（一）加快生长速度，提高饲料利用率

微生态制剂中的微生物进入家禽肠道后，生长代谢过程中产生的生长素、酶等生物活性物质，有助于食物消化和营养吸收，促进新陈代谢。詹益全等指出饲料采用 EM 制剂发酵后，蛋白质和各种氨基酸含量有所上升，粗纤维有所下降。独特的酒香味，增加了畜禽采食量。张晓梅等报道，雏鸡早期饲喂微生态制剂可显著提高肠道消化酶的活性。给肉鸡添加 0.5%的微生态制剂，其消化道的淀粉酶和总蛋白酶活性都有明显提高，这对提高饲料转化率和促进肉鸡早期生长极为有利。

此外，EM 制剂中的许多菌体本身就含有大量的营养物质，可以被家禽摄取利用，从而加快家禽生长速度，提高饲料利用率。

（二）增强机体的免疫功能和抗病力

试验证明，微生态制剂能通过促进免疫器官的生长发育刺激机体产生免疫细胞激活体内巨噬细胞系统和补体系统，促进抗体

和免疫因子产生等方式影响家禽的免疫功能。杨汉博等在基本不使用抗生素、生长激素的情况下，进行使用益生芽孢杆菌菌株饲喂肉鸡试验，结果表明，益生芽孢杆菌能促进肉鸡的免疫器官成熟，增强肉鸡体液的免疫功能。

微生态制剂也可通过抵抗病原菌感染来防治疾病。Gibson的研究发现，双歧杆菌能产生一种未知的光谱抗菌物质，具有抑制沙门氏菌、霍乱弧菌等病原菌的活性。周霞等用活性乳酸菌制剂饲喂雏鸡，发现对防治蛋雏鸡腹泻有良好的作用。聂实践等用益菌多（S586）饲喂或加入饮水中喂 14 日龄雏鸡，15 日龄注射沙门氏菌液，结果表明：S－586 能有效控制沙门氏菌感染降低死亡率。

（三）提高家禽的生产性能，改善禽产品品质

赖国旗等将双歧杆菌、保加利亚乳杆菌和嗜热链球菌分别制成每克含活菌 1 亿的微囊，等量混合而成生态制剂，按 0.125％添加在蛋鸡基础饲料中，饲喂蛋鸡，同时设对照组，观察蛋鸡产蛋性能的变化。经过 1 个月的实验，结果表明：该生态制剂对产蛋高峰期，可提高产蛋率 10.08％、降低死亡率 46.26％，提高饲料利用率 32.16％。宋屹等研究加酶益生素主要由嗜酸乳杆菌、酵母菌、蜡样芽孢杆菌及特种消化酶产生菌等构成和菌宝主要由光合细菌细胞组成，对贵妃鸡肉质的影响，结果表明：两种益生素均有提高贵妃鸡肌肉和降低滴水损失的趋势。加酶益生素显著提高贵妃鸡肌肉蛋白质、粗灰分和 Ca^{+} 的含量（$P<0.05$）及降低肌肉粗脂肪的含量（$P<0.05$）。

（四）清除粪尿恶臭，改善环境卫生

EM 制剂中的各种细菌与肠道内的有益菌协同作用，有效增强胃肠活动功能，使含氮化合物向氨基酸方向转化，提高蛋白质的利用率。同时，EM 及肠道内的有益菌大量增殖，抑制大肠杆

菌的活动，从而减少蛋白质向氨和胺的转化，肠内粪便中还含有大量 EM 的活菌体，可以继续利用剩余的氨，因此氨浓度明显降低，从而减轻粪尿恶臭，改善环境卫生。王恩玲等报道，在鸡舍按每 1 m^3 空间投放 20 g EM，能防止产生大量的有害气体，使各种有害气体的浓度达到卫生，使用 1 个月 EM 制剂后，其恶臭浓度下降了 97.7%，臭气强度降低了 2.5 级以下。

四、微生态制剂存在的不足和发展方向

近年来，微生态制剂的研究和应用取得了巨大发展，但仍然存在许多问题。益生菌在实际应用中最大的不足是作用效果不稳定的问题。这与大部分益生菌种在肠道定植困难、竞争力不强、对热的抵抗力差、常温下保存期短、活菌数稳定性差等有关。因此，在微生态制剂的研究开发中应着重考虑通过基因工程等手段筛选出定植力强、耐不良环境的优势菌种。研究针对特定动物、特定阶段的专用型微生态制剂及其最佳的使用剂量、保存方法和保存时间、利用饲料加工工艺寻找益生菌最佳的添加和保护方式，使得益生菌能够最大限度通过消化道前部加强益生菌与益生菌中草药、低聚糖、酶制剂等的协同效应和作用机理的研究，可以考虑从益生菌和中草药中筛选组合出好的合生元产品。

当然，仅仅维持家禽体内原有的微生态环境已不能适应现代化养禽业快速和高强度生产的需求。如何应用微生态制剂帮助在家禽体内更快建立新的微生态平衡是微生态制剂未来应该大力发展的方向。

第三节　有机微量元素在家禽生产中的应用

微量元素作为动物必需的营养素，在动物体内发挥非常重要的作用。微量元素添加剂的应用经历微量元素的无机盐、微量元

素有机酸盐、有机微量元素螯合物三代产品。由氨基酸或短肽物与微量元素通过化学方法螯合而成的有机微量元素螯合物产品具有化学稳定性好、生物学效价高、在小肠内易于消化吸收、无毒等特点，是近年来发展较快的第三代微量元素饲料添加剂。美国在20世纪70年代最先研究该产品并在动物生产中得到应用。国内研究此项目始于20世纪80年代，现已取得较大进展。近年来的一些研究表明，有机微量元素在提高畜禽生产性能、促进生长、增强机体免疫等方面具有一定作用，有着广泛的应用前景。

一、有机微量元素的定义

按照美国饲料管理官员协会定义，将有机微量元素市售产品分为六类：

1. 金属元素特定氨基酸复合物　是由可溶性金属盐类与特定的氨基酸复合而成的。一般是由一个单一已知氨基酸与单一金属离子相结合所制成的化学实体，如蛋氨酸锌，它含有一个金属锌元素和一个蛋氨酸的氨基酸分子。

2. 金属元素氨基酸复合物　是由一个特定的可溶性金属盐类（如锌、铜、锰）与一个氨基酸所复合而成的。

3. 金属元素氨基酸螯合物　是由一个可溶性金属盐类中的金属离子与氨基酸相反应而成的。“螯合”较简单的定义为特定的金属元素被两个或是两个以上的非特定氨基酸所包围和结合。只有当金属元素和氨基酸之间形成共用电子对的共价键，如此才能形成真正的螯合物。

而美国饲料管理官员协会确定微量元素氨基酸螯合物的概念是：由某种可溶性金属盐中的一个金属元素离子同氨基酸按一定的摩尔比以共价键结合而成。水溶性氨基酸的平均分子量必须为150 kD左右，生成的螯合物的分子量不得超过800 kD。

4. 金属元素蛋白盐　是由一个可溶性金属盐类与氨基酸和（或）部分水解的蛋白质相螯合而成的。其终产物内可能含有各种单一的氨基酸、二肽、三肽或是其他蛋白质衍生物。金属元素蛋白盐并不是一种具有精确定义的化学实体。

5. 金属元素多糖类复合物 是由一个可溶性盐类和多糖类溶液复合而成的。在金属元素多糖类复合物的使用方面，只有有限的研究结果被发表过。同时，这类产品只是一种有机矿物质，它所含有的矿物质和多糖类之间没有任何化学键的存在。

6. 金属元素丙酸盐 是由可溶性金属元素与可溶性有机酸相结合而形成的。此类产品具有高度的溶解性，在溶液中通常能够被解离，因此，产品性能不稳定。

二、有机微量元素的特点

（一）稳定性好

有机微量元素中的金属离子由于与氨基酸配位体配位共价和离子键合，因此具有稳定的化学性质。它不易与磷酸、植酸、草酸等阴离子结合形成难溶的化合物；脂肪和纤维素不干扰其吸收；氨基酸螯合物的吸收不需要维生素的参与，不催化引起饲料成分的氧化反应，对维生素的破坏很小甚至没有。另外，微量元素氨基酸螯合物由于其分子内电荷趋于中性，加上在体内 pH 环境下溶解性好，易于释放金属离子，所以易被动物体消化吸收，其吸收率比无机盐高出 4 倍以上。

（二）生物利用率高

有机微量元素是动物体吸收金属离子的主要形式，又是体内合成蛋白质过程中的中间物质。所以有机微量元素不仅吸收快，而且可以减少许多生化过程，节约体能，因此具有较高的生物学效价。

（三）毒性小、污染少、适口性好

有机微量元素的半致死量远远大于无机盐，其副作用小，安全性高。微量元素的无机盐不仅因其具有特殊的气味而影响适口性，而且影响胃肠道内 pH 和体内的酸碱平衡。而有机微量元素作为体内正常的中间产物，对机体很少产生不良的影响，适口性好，易于被动物采食吸收。

三、有机微量元素的作用机制

对于有机微量元素的结构已经有所认识，但对它的具体作用机制很大程度上并不清楚。有关有机微量元素吸收机制的假说有两种：

一种认为，络合强度适宜的有机微量元素螯合物进入消化道后，可以避免肠腔中拮抗因子及其他影响因子（如植酸）对微量元素的沉淀或吸附作用，直接到达小肠刷状缘，并在吸收位点处发生水解，其中的金属元素以离子形式进入肠上皮细胞。此假说强调的是，适宜稳定常数的有机微量元素在消化道内的存在状态与无机微量元素不同，其生物学活性高的主要原因是有机微量元素到达吸收部位并被吸收进入血浆的量比无机形态的多。

另一种则认为，金属氨基酸螯合物以类似于二肽的形式完整吸收进入血浆。当金属离子和一个小肽螯合后就能抑制刷状缘上肽酶的水解活性，防止肽的水解，结果完整的肽作为矿物质的配体通过肽转运机制进入黏膜细胞。

四、有机微量元素在养禽业中的应用效果

（一）肉禽

应用有机微量元素对提高肉鸡的生产性能，降低饲料消耗，提高饲料转化率，改善禽肉质量有显著效果。

王邦仁（1992）用氨基酸铜、氨基酸铁等饲喂肉鸡，49 日龄日增重提高 5.28%，饲料转化率提高 2.59%，出栏重提高 24.1 g；氨基酸锌和氨基酸锰可改善肉鸡的性能表现并降低腹水

症引起的死亡率。杨小燕等（2004）对白羽肉鸡作饲料中全程添加有机微量元素锌、锰的对比饲养试验，试验结果显示有机微量元素对白羽肉鸡生长确有促进作用，能显著降低料肉比。

曾衡秀等（1995）用蛋氨酸锌进行了长沙黄肉鸡增重及消化率的影响研究，结果表明，在基础日粮中分别加入蛋氨酸锌和硫酸锌，前者比后者的增重提高9%，饲料转化率提高7.2%。日应用微量元素氨基酸螯合物可增强肉鸡的免疫力，降低发病率。

李德发（1994）用0.3%氨基酸锌、锰代替无机盐饲喂肉仔鸡，使日增重提高6.6%，饲料消耗降低5.7%，腿病发生率下降9.9%。周长征等（2000）用蛋氨酸锌、蛋氨酸锌+赖氨酸锌及锌氨基酸络合物对未防治球虫病的肉鸡进行试验，结果都能降低死亡率及球虫发病率，提高鸡肉产量。

（二）蛋禽

用氨基酸螯合物喂蛋鸡，可明显提高产蛋率，增大蛋重，延长产蛋期，改善蛋的品质。

任培桃等（1992）报道，在添加等量金属离子的情况下，饲喂氨基酸螯合盐预混剂比饲喂无机盐预混剂，对于产蛋鸡，产蛋率提高7%以上。

孙得成等（1995）报道，喂给35周龄迪卡蛋鸡复合微量元素氨基酸螯合物，产蛋率和蛋重比对照组分别提高12.8%和21%，蛋壳厚度和强度分别提高12.1%和21%。

张世栋等（1998）发现，在高湿环境下，饲料中添加蛋氨酸锌可以减轻蛋鸡的热应激反应，改善鸡蛋的壳重、壳厚度等品质。有机硒对种鸡的试验结果发现，每只种鸡可多产7枚种蛋，孵化率提高2.15%，繁殖率提高1.6%，死胎率降低1.45%，蛋壳强度得到改善。

张洪杰（2000）用微量元素蛋氨酸螯合物饲喂42周龄的海兰W-36蛋鸡，结果在营养等价的日粮条件下，以螯合物形式提供微量元素和蛋氨酸的试验组比等量补加无机盐和蛋氨酸的对照组，其产蛋率、饲料效率和综合经济效益分别提高了4.2%、4.37%和2.2%。

成廷水等（2004）研究日粮中添加氨基酸锌、铜、锰对蛋鸡产蛋性能、免疫及组织抗氧化机能的影响，结果表明，在实用日粮基础上增加氨基酸锌、铜、锰能提高蛋鸡的存活率和鸡蛋品质，改善细胞免疫和体液免疫，增强肝脏和脾脏组织抗氧化能力，而增加相同剂量的无机盐对上述指标无明显有益的影响。

五、小结

有机微量元素对家禽具有显著的营养作用和生产效果，且稳定性好、生物学效价高、饲养报酬高，对养殖者来说，既能改善饲养效益，又可节约饲养成本，因此具有广阔的市场前景和重大的经济效益和社会效益。但目前还存在一些问题需要进行更进一步的探讨：

（1）有机微量元素产品市场价格偏高，制约了其大量使用，需要改进产品生产工艺，降低成本。

（2）目前还没有有机微量元素的标准，需要制定标准作为质量衡量的依据，以规范生产、销售和使用。

（3）影响有机微量元素应用效果的因素很多，其中最佳螯合物的结构、添加量不是很清楚，需要进一步研究。

（4）研究有机微量元素的吸收机制和代谢原理，为开发更好的添加剂提供理论依据，使消化率和蛋白质消化率分别提高显著。

第四节　中草药在家禽生产中的应用

一、中草药饲料添加剂的作用

（一）提高蛋鸡生产性能

中草药中的主要有效活性成分——多糖、苷类、生物碱、挥发油类、有机酸类等，它们起着调节动物机体免疫功能的作用。多糖是免疫活动的主要物质，具有促进胸腺反应，刺激巨噬细胞吞噬的功能；苷类可加强网状内皮系统吞噬功能，并能促使抗体生成，促进抗原抗体反应和淋巴细胞转化；中草药中的有机酸能调节胃肠内的 pH，防止有害细菌的繁殖和提高酶的活性，促进动物体内正常的新陈代谢，从而提高营养物质的利用率，促进了动物生产性能的发挥。同时，有些中草药还含有一定数量的蛋白质、氨基酸、糖、脂肪、淀粉、维生素和矿物质微量元素等营养成分，在一定程度上也提高了机体的生产性能。

（二）增强免疫

中草药中的多糖类、有机酸类、生物碱类、苷类、挥发油类等有增强免疫作用，而且可避免西药类免疫预防剂对动物机体组织有交叉反应及副作用等弊端。高桂生等研究了自制中草药免疫增效剂对单核细胞、嗜酸性细胞吞噬白色葡萄球菌能力的影响，结果表明：中草药免疫增效剂能显著提高动物机体单核细胞、嗜酸性粒细胞的活性，提高白细胞的吞噬能力。李桂春等对苦参素的两种有效成分（苦参碱和氧化苦参碱）进行了研究，得知苦参碱和氧化苦参碱在体内相互转化，且具有抗炎、抗病毒、免疫抑制、阻断肝细胞凋亡、稳定细胞膜、激活细胞等功能。

（三）激素样作用

中草药本身不是激素，但可以起到激素相似的作用，并能减轻或防止、消除外激素的毒副作用，所以被认为是胜似激素的激素样作用物。熊运海选用具有杀菌作用的 12 种中草药处理黄瓜，在室温（16～25 ℃）条件下储藏 10 天，分析了储藏期间黄瓜的品质和商品率变化。结果表明：在供试的 12 种中草药中，除黄芪处理对黄瓜商品率无显著效应，其他的都在不同程度上有变化。苏金平等的试验证明了黄芪、牛膝、杜仲、山楂等五种药材均能不同程度地抑制 NA 诱导的细胞外 Ca^{2+} 内流产生的血管平滑肌的收缩，其中黄芪还能够显著地抑制 NA 诱导的细胞内“钙储库” Ca^{2+} 中释放。抗应激作用在防治畜禽应激综合征的研究中，发现一些中草药如人参、黄芪、党参、柴胡、延胡索等有提高机体防御能力和调节缓和应激的作用。马得莹等选用 59 周龄海兰褐蛋鸡 80 只，分成 4 组，0 号为对照组，1～3 号分别添加女贞子、五味子、四君子汤。结果表明：三种中草药都通过增强热应激下蛋鸡脂质稳定性，调节内分泌以及提高 HSP70 基因表达等途径改善热应激下蛋鸡的生产性能。

二、中草药饲料添加剂在家禽生产性能上的应用

（一）改善饲料适口性

中草药本身具有芳香气味，既能矫正饲料的味道，又能改善家禽对饲料的适口性。许多动物都喜食带甜味的饲料，可将具有香甜味的中草药加工调制后加到饲料中，如马钱子、槟榔子、茴香油、芥子等都可作为家禽的开胃剂。

（二）使鸡肉和蛋黄着色

对鸡肉和蛋黄着色叶黄素是最好的着色剂。一般添加量为 10～20 mg/kg，但成本较高。松针粉、金盏花粉、红辣椒粉、紫菜等都可以达到着色的目的，添加 2%紫菜或 0.24%红辣椒饲喂 10 天左右即可见效，添加松针粉活性物质 0.05%，也可使蛋黄颜色加深、无异味，苍术也有效果。

（三）清热解毒，杀菌抗菌

为加强机体抗病能力，许多添加剂中都搭配数味抗菌解毒的中草药，常用药物有金银花、连翘、荆芥、柴胡、苍术、野菊花等。近年来，我们将中草药添加剂应用于养鸡业，效果显著。如

把苦参、仙鹤草、地榆粉碎后，按一定比例混入饲料中，可作为防治鸡球虫病的添加剂，临床效果好，且每只鸡可节省药费88%。

（四）促进家禽生长，提高饲料转化率

中草药中除含有蛋白质、糖、脂肪外，还富含有多种必需氨基酸、维生素和矿物元素等营养物质，这可以弥补饲料中一些营养成分的不足。刘根新以健胃消食、补肾助阳为原则组成中草药饲料添加剂方A（山楂、陈皮等），以健胃消食、健脾益气、补血活血、补肾助阳为原则组成中草药饲料添加剂方B（山楂、陈皮、党参、黄芪、熟地、当归等）。将315只105日龄（15周龄）的蛋鸡随机均分成7组，0号组为对照组，1～3号组分别为组方A的0.5%、1.0%、1.5%添加量实验组。4～6号组分别为组方B的0.5%、1.0%、1.5%添加量实验组。结果表明：两种中草药饲料添加剂组方均能在一定程度上改善蛋鸡的生产性能，但以组方B作用效果更好，其最适添加量为1.0%。

三、中草药复方饲料添加剂的效果

在中草药添加剂中加入少量微量元素，制成复方饲料添加剂效果更好。穿心莲、黄柏、苍术、蒲公英、绿豆芽，加入一定量的硫酸锰、硫酸铁等化学药品，制成复方饲料添加剂用于肉鸡和蛋鸡，肉鸡成活率提高43.1%，同时，使用中草药添加剂不会产生药物反应、抗药性等不良反应，克服了抗生素添加剂的缺点。但由于中草药添加剂配方没有固定标准，故可根据家禽的生理特点、生长发育规律来不断改善和完善。

四、中草药治疗鸡病的特性

（一）天然性

中草药，本身就是天然有机物。它取自动物、植物、矿物及

其产品，并保持了各种成分结构的自然状态和生物活性。这些物质原本就是地球生物机体的组成和维护生态平衡不可缺少的物质。同时，它们又是经过人和动物体的长期实践筛选保留下来的对人和动物体有益无害和最易被接受的外源精华物质。此外，这些物质在用于机体之前，又经过中国创立的自然炮制法去其无益于机体的因子，而保持纯净的天然性。

（二）多能性

1. 抗感染作用　许多清热药对多种病毒、细菌、真菌、螺旋体及原虫等有不同程度的抗生作用，配伍或组成复方抗生范围可以互补、扩大并显示协同增效。在此，需要澄清一个问题就是：中药的体外最低抑菌浓度 MIC，大部分远远达不到现代医药学对抗感染药（微克级）的评价要求。如何解释中药对感染性疾病的疗效，可能的原因之一是，中药对感染性疾病的疗效不依赖其抑菌浓度。举一个例子，金银花对临床多种疾病有效，金银花中药效成分绿原酸含量为 2%～4%，要使绿原酸血药浓度达到 1%，即使全部吸收入血，一只 1 kg 体重的鸡，至少要服用金银花 17.5 g，这显然是难于办到的。再一个例子，穿心莲的内酯在防治感染性疾病是确有较高疗效的，但在试管抑菌试验中无明显作用；反之，在试管抗菌确有实效的水溶性黄酮成分，却在治疗感染性疾病时疗效很低。其次，中药在抑菌剂量下仍可通过对细菌超微结构及生化代谢的影响而减弱其附着、侵袭和毒力，从而有助于对感染的控制。中药抗感染作用的机理是一个十分复杂的问题，可能涉及药物—微生物—机体间两两作用的辩证关系。

如前所述，双黄连在体外单独实验时抑菌活性很低，但与青霉素、头孢唑啉、头孢噻肟、苯唑青霉素四种抗生素伍用，体外抑菌实验可使双黄连对细菌的 MIC 下降 85%～90%；而且这种变化在双黄连与抗生素合用时，抗生素对细菌 MIC 下降更为显著，为 50%～99%，双黄连与头孢噻肟合用，比单用头孢噻肟对铜绿假单胞菌的敏感度提高 2～8 倍；与头孢唑啉、苯唑青霉素合用，比单用头孢唑啉、苯唑青霉素时，对耐苯唑青霉素金黄色葡萄球菌的敏感度提高 1～4 倍。正如大多数医疗工作者所熟知的，中西药能相互取长补短，兼顾整体与局部，起到立体化协同治疗，减轻西药毒副作用。临床用药时改变只见树木不见森林的用药模式，从机体是一个有机整体，从抗感染的多个环节用药，综合治理的作用结果必然延缓致病菌群产生的耐药性，并最终获得最佳治疗效果。

2. 增强免疫作用 许多中药对免疫器官的发育、白细胞及单核—巨噬细胞系统、细胞免疫、体液免疫、细胞因子的产生等有促进作用，并由此提高机体的非特异性和特异性免疫力。药物研究发现，人参、党参、黄芪、白术、川芎、当归、阿胶、黄芩、金银花、柴胡、黄连、紫花地丁、苦参等具有促进淋巴细胞转化、提高细胞免疫功能的作用；黄芪、人参、附子、刺五加、肉桂、菟丝子、地黄、山萸肉、锁阳、柴胡、金银花、黄芪、青蒿、大黄等具有促进抗体产生、增强体液免疫功能的作用；黄芪、白术、人参、甘草、刺五加、天冬、川芎、当归、红花、苦参、柴胡、金银花、黄芩、青蒿、大黄等具有诱生或促诱生干扰素等细胞因子的作用。方剂研究发现，如四君子汤、补中益气汤、四物汤、当归补血汤、六味地黄汤、参附汤、玉屏风散等均具有不同程度的免疫增强作用与机体的状态和方剂配伍有关，这有待进一步研究。

3. 抗应激和"适应原" 应激反应，是指动物机体对激原的非特异性防御应答的生理反应。"适应原"样作用，是指能使机体在恶劣环境中的生理功能得到调节，并使之朝着有利方面发展和增强适应能力的作用。目前对由激原引起的应激综合征实无良策，但在研究中草药后，发现刺五加、人参、延胡索等有提高机体防御抵抗力和调节缓和激原作用；黄芪、党参等有阻止应激反应警戒期的肾上腺增生和胸腺萎缩，以及阻止应激反应的抵抗期、衰竭期出现的异常变化，而起到抗应激的作用；柴胡、石膏、黄芩、鸭跖草、地龙、水牛角等有抗热应激的作用等。与此同时，现已制出延胡索酸等产品，并称为“适应药”推广应用。

（三）少耐药性

耐药性的出现多是由于细胞产生了大量的适应酶和耐药菌株造成的，中药较少出现这一弊端，但不能说中药无耐药性。有人选用黄连、黄芩、金银花、鱼腥草、乌梅、大青叶、山楂、石榴皮、丹皮等中药，分别对金色葡萄球菌、大肠杆菌 SF96、鸡大肠杆菌、鸭大肠杆菌、多杀性巴氏杆菌、枯草杆菌等常见畜禽病原菌在中药低浓度中接种传代五代，测定传代前后抑菌浓度的变化以研究细菌对中药的耐药性。结果表明，多数细菌在多数中药低浓度中传代后的最低抑菌浓度比传代前有不同程度的提高说明细菌对中药也不同程度产生耐药性。由于中药大部分具有复合作用，而且日常应用的多为复方，复方中的多种成分从核糖核酸（RNA）、脱氧核糖核酸（DNA）、能量代谢等多个环节来干扰细菌代谢。例如黄连、黄柏、大黄、甘草四味药组成的一个处方，其中黄连能抑制金色葡萄球菌的呼吸和核酸代谢，黄柏能抑制 RNA 的合成，大黄能抑制其脱氧酶，甘草能阻止其 DNA 的代谢，这样这个中药处方就不易使病原菌产生耐药性。中药所含成分为生物有机物，是经长期实践筛选保留下来的对人和动物有益无害的天然物。即使用于防治疾病的有毒中药，也经过自然炮制方法（水、火等法）和科学的配伍（相须、相使、相畏、相杀和君、臣、佐、使的配伍原则）而使毒性减弱或消除。因之，中草药长期添加，也不易在食用动物性产品中形成有害残留。不仅如此，若与化学合成物合理伍用，可消除后者的毒、副作用，具有保肝解毒作用等。如甘草可消除链霉素对听神经的毒性；党参、白术、黄芪、苦参、茵陈、垂盆草、五味子等，可减轻化疗或放疗对机体的损害以及保肝解毒。很多人在强调中药的优势时，首先谈到中药无毒副作用、无残留，但是专家学者们认为这种提法欠妥，“是药三分毒”，并且在古代“毒”与“药”是相通的。很多中药不仅有毒，而且是剧毒药，如砒霜、巴豆、斑蝥等，中药的毒副作用低，只是相对于某些西药而言。在作为预防用药长期添加时，应当切实注意到中药的毒副作用，如兽医临床上以前广泛使用的黄药子，在大量应用后发现能够导致动物肝损伤。中药不会形成有害残留，但并不是无残留，对于使用了中药添加剂的畜产品，应加大检测力度，以免造成恶劣影响，从而导致否定中药在畜禽养殖中的应用。

五、中草药防治鸡病配方（单位：g）

（一）防治细菌性白痢（沙门氏杆菌）

方一：黄柏 15，凤尾草 20，野菊花 30，白头翁 30，马齿苋 30，辣蓼 20，穿心莲 20，五倍子 15，垂盆草 20，山楂 25，混合研细末按 1%比例在育雏时使用，拌料喂 4～5 天即可。或煎水让鸡自饮 2～3 天。

方二：白头翁、黄连、黄芩、黄柏、苍术各 20，河子肉、秦皮、神曲、山楂各 25，将药烘干研末，雏鸡时按 0.5%的比例混饲料喂 3～5 天。临床治疗经验：预防带菌雏鸡二批 4 200 羽，服后 3 天内发病 30 只，保护率达 99.4%；治疗病雏 30 只，死亡 5 只，治愈率达 83.3%。是全场几年来成活率最高的二批，效果比较显著。

（二）防治鸡副伤寒病症

方一：葛根 20，柴胡、桔梗、白芷、薄荷、连翘、甲珠、牛蒡子各 15，防风、红花、桃仁各 3，甘草 15，煎水每只鸡约 5 ml，置饮水器让鸡自由饮用，连用 2～3 天。

方二：血见愁40，马齿苋30，地锦草30，墨旱莲30，蒲公英45，车前草30，锦茵陈、桔梗、鱼腥草各30，煎水每只约10 ml让鸡自饮，连用2～3天即可。临床治验：治疗典型病鸡5 700羽，治愈5 650羽，治愈率达98.2%，用药3 h见效。第二天控制死亡，服药2～3天可愈。

（三）传染性喉气管炎、鼻炎、上呼吸道病

方一：黄芩40，麻黄30，紫苏30，鱼腥草50，黄皮叶130，黄柏30，蒲公英15，金银花45，板蓝根、青叶、甘草各50，此方供2 000只中鸡使用，煎水让鸡自由饮用，连用2～3天。

方二：麻黄、苏子、半夏、前胡、桑皮、杏仁、厚朴、木香、陈皮、甘草各60，煎水供2 000只中鸡使用，让鸡自由饮用，连用3～4天均可。

（四）传染性法氏囊（甘保罗）

最初病鸡出现精神沉郁，食欲废绝，畏寒，扎堆，闭目嗜睡，打盹，垂翅，个别鸡有啄肛现象。很快拉白色黏稠如蛋清样稀粪或水样下痢，有的带石灰样的蛋清样物，肛门周围被粪便严重污染。病鸡严重脱水，口渴，最后因衰竭而死亡。

方一：葛根100，板蓝根100，山豆根50，雄黄3，甘草20，绿豆100，黄芩20，黄连10，延胡索20，大青叶40，此方供2 000只中鸡混合饲料投喂，连用4～5天。

方二：板蓝根50，大青叶40，金银花100，黄芩20，黄柏20，藿香15，地榆15，侧柏50，白芍20，大黄15，甘草15，将药煎水以每只5 ml让鸡自饮2～3天均可。临床治验：治疗典型15 000羽，治愈14 650羽，治愈达97.6%。

（五）大肠杆菌

方一：黄连10，黄芩50，地榆60，赤芍50，丹皮30，栀子

30，木通40，知母20，黄柏30，板蓝根20，紫花地丁50，一次煎水供2 000只自饮连用2～3天均可（主要清大肠实热）。

方二：黄芩30，紫花地丁50，板蓝根50，白头翁20，藿香10，延胡索20，雄黄3，穿心莲20，金银花30，甘草20，混合粉碎按1%比例混饲料喂2～3天。临床治验：治疗病鸡4 300羽，治愈4 205羽，治愈率达97.7%。

（六）新城疫（亚洲鸡瘟）

方一：穿心莲50，山叉苦30，金银花20，十大功劳15，山芝麻15，黄芩30，黄连20，九节茶50，苦丁茶30，鱼腥草50，甘草20，此方供2 000只鸡用量，将药粉碎按1%比例混合饲料喂2～3天。

方二：野菊花、香附子、半边莲、马齿苋、犁头草各50，车前草100、枇杷叶100，大蒜50，煎水供1 000只的量使用2～3天。严重鸡群连用2个疗程。

方三：巴豆10，罂粟壳30，皂角20，雄黄3，香附20，鸦胆子50，鸡矢藤30，韭菜50，了哥王20，狼毒20，血见愁10，山芝麻30，将药粉碎按0.5%的比例混合饲料投喂，连用3～4天。临床治验：治疗典型病鸡13 000羽，治愈12 600羽，治愈率96.9%。

（七）霍乱（禽出败）

石菖蒲50，穿心莲50，花椒100，山叉苦30，苦丁茶30，岗梅50，山芝麻30，大黄20，金银花50，黄柏20，黄芩20，野菊花40，此方供2 000只鸡使用，将药末按1%混合饲料喂2～3天。临床治验：治疗3 800羽，治愈3 650羽，治愈率为96%。

（八）腹水症

泽泻50，木通50，商陆根30，苍术20，朱苓40，山楂30，龙胆草20，灯芯草50，淡竹叶100，神曲20，麦芽30，山芝麻20，甘草20，此方供2 000只鸡使用，粉碎后按0.5%比例混料喂5天。如1998年春有批鸡2 500只，其中有1 000只得腹水症，用了几天兽药效果不明显，鸡群仍在死亡，采用此方配药投喂后，3天得到控制，全期死亡20只，大部分得救，治愈率达98.7%，保护率99%。临床治验：治疗4 500羽，治愈4 350羽，治愈率达96.6%。

（九）种鸡蛋鸡脂肪肝

柴胡20，黄芩20，丹参30，泽泻20，五味子40，野菊花50，双花50，黄柏30，溪黄草40，鱼腥草100，苦丁茶50，甘草20，此方供2 000只鸡使用，将药粉碎在产蛋前一周左右按0.5%比例拌料使用2～3天。临床治验：治疗二批共4 700羽，治愈4 580羽，治愈率达97.4%。

（十）脱水症（指出壳一周后仍然是干脚）

黄柏20，黄芩20，苦丁茶20，野菊花30，地胆头20，金银花50，岗梅30，鱼腥草20，山楂30，山芝麻20，穿心莲10，甘草20，此方供2 000只雏鸡的量，煎2 h后过滤，每只雏鸡30 ml作自饮。连用3天。全群鸡均匀度可达82%以上，用药后的鸡群生长比较快。临床治验：预防用药治疗15 600羽，治愈15 150羽，治愈率达97.1%，保护率达98%。

（十一）减蛋综合征

陈皮100，党参50，黄芪30，生地20，黄柏30，厚朴20，益母草30，山楂50，神曲30，金银花30，药粉碎后按1%的比例拌料投喂2～3天均可。临床治验：治疗4 400羽，治愈4 300羽，治愈率达97.7%。

（十二）曲霉菌病

鱼腥草 50，蒲公英 30，盘骨草 20，桔梗 20，山海螺 10，穿心莲 20，金银花 30，龙胆草 20，大黄 20，黄柏 20，甘草 20，将以上药粉碎按 0.5％比例拌料投喂 2～3 天均可。临床治验：治疗 8900 羽，治愈 8680 羽，治愈率 97.5％。

（十三）鸡痘

板蓝根 30，山栀子 20，黄芩 20，黄柏，麦冬 30，金银花 20，连翘 20，知母 10，龙胆草 20，防风 20，甘草 10，供 1 000 只鸡一次用量，每只约 5～6 ml，作自饮。鸡痘疤患处用油涂擦两天，3 天后自落。临床治验：治疗 14 600 羽，治愈 14 300 羽，治愈率为 97.9％。

（十四）中草药添加剂（功能：清热解毒，消食祛滞）

当归 10，黄芪 10，元参 5，蒲公英 20，紫色地丁 30，大青叶 10，甘草 20，黄芩 30，连翘 20，木通 30，益母草 30，穿心莲 50，泽兰 20，知母 20，岗稔叶 100，硫酸亚铁 50，共粉碎过筛包装，按 0.5％比例拌料投喂 4～5 天，以后每隔 5 天喂一次。

（十五）中草药抗高温应激添加剂（夏天用）

黄芩 80，蒲公英 60，野菊花 50，西瓜皮 100，当归 50，益母草 60，枣仁 20，藿香 10，麦芽 50，神曲 50，连翘 40，十大功劳 30，甘草 40，粉碎、过筛，按 0.5％比例拌料投喂 2～3 天（每年天气炎热时使用）。临床治验：预防 54 800 羽，保护率 96％。

（十六）啄癖

党参 20，白术 50，麦芽 50，硫黄 30，神曲 30，山楂 40，茯苓20，槟榔30，黄芪30，贯众30，贝壳粉20，硫酸亚铁18，维生素$B_1$20，粉碎、过筛、包装后按0.3%比例拌料投喂2～3天。黄羽鸡每隔10天左右拌料一次。临床治验：发生时使用治疗64 000羽，治愈63 000羽，治愈率98.4%。

（十七）鸡球虫

黄芩30，黄连20，大黄50，芒硝20，黄柏30，延胡索20，龙胆草30，白头翁20，常山15，柴胡20，穿心莲20，煎水过滤后每只约5～10 ml，自由饮用，连用2天均可。临床治验：治疗5 600羽，治愈5 300羽，治愈94.6%。

（十八）禽流感

麻黄20，荔叶20，北杏20，桑叶30，桔梗30，陈皮50，苇茎30，黄芩30，山栀子20，芦根40，高良姜20，麦芽30，神曲20，大黄20，将药粉碎过筛按0.5%比例拌料投喂2～3天。临床治验：1998年12月二批共5 300羽，治愈5 210羽，治愈率98%。

（十九）鸡肌骨糜烂方

蒲公英20，板蓝根15，金银花15，山楂20，陈皮20，鸡内金30，神曲25，党参15，北芪15，甘草30，山海螺20，桑螵蛸20，滑石30，石膏150，防风20，贝壳粉100，鱼肝油丸100粒，将药粉碎过筛备用，将有病鸡群隔离饲喂，按1%比例拌粉料投喂4～5天，同批鸡群按0.5%比例投喂。临床治验：治疗500羽，治愈480羽，治愈率为96%。

（二十）其他

（1）黄芪60，党参60，肉桂20，槟榔60，贯众60，何首乌60，山楂60，粉碎过筛或水煎取汁，为100只鸡用量。用于防治鸡痘。

（2）党参 30，黄芪 30，蒲公英 40，金银花 30，板蓝根 30，大青叶 30，甘草（去皮）10，蟾蜍 1 只（100）以上，先将蟾蜍置砂罐中，加水 1.50 kg，数次煎沸后，入其他七味中药，文火煎数沸，放冷取汁。供 100 只中雏，1 天 3 次用，药液可饮用或拌料；若制成粉末拌料，用量可减至 1/3～1/2。用于鸡传染性法氏囊病。

（3）柴胡、荆芥、半夏、茯苓、甘草、贝母、桔梗、杏仁、玄参、赤芍、厚朴、陈皮各 30，细辛 6，制粗粉，过筛混匀。药粉加沸水焖半小时，取上清液加水适量使用，也可直接拌料。用于鸡呼吸道传染病，包括慢性呼吸道疾病、传支、传喉等。

（4）麻黄 300，大青叶 300，石膏 250，制半夏 200，连翘 200，黄连 200，金银花 200，蒲公英 150，黄芩 150，杏仁 150，麦冬 150，桑白皮 150，菊花 100，桔梗 100，甘草 50，水煎原汁或共制粗粉。煎汁拌料，为 5 000 只雏鸡 1 日用量，连用 3～5 天；粉末每只雏鸡每天 0.50～0.60 g，开水浸后拌料饲喂，用于防治鸡传染性支气管炎。

（5）苍术 2 份，厚朴、白术、干姜、肉桂、柴胡、白芍、龙胆草、黄芩各 1 份，按用药要求炮制后制成干粉，混入适量木炭末。大鸡每次 5 g，小鸡 2～3 g，拌料每日 2 次，用于各种原因引起的腹泻症。

（6）白术 15，白芍 10，白头翁 5，研细过筛，按每只雏鸡每天 0.20 g 拌料，连用 7 天，用于防治雏鸡白痢。

（7）地榆炭 30，罂粟壳 6，厚朴 6，诃子 6，车前子 6，乌梅 6，黄连 2，混饲，鸡每 100 kg 饲料加 1.50～2.50 kg，用于鸡腹泻。

（8）穿心莲 6，板蓝根 6，蒲公英 5，旱莲草 5，苍术 3，粉碎成细粉，过筛，混匀，加适量淀粉，压制成片，每片含生药 0.45 g，鸡每次 3～4 片，1 天 3 次，连用 3 天，用于防治禽霍乱。

（9）党参 10，黄芪 20，茯苓 20，六神曲（炒）10，麦芽（炒）20，山楂（炒）20，甘草 5，槟榔（炒）5，混饲，家禽每 100 kg 饲料加 2 kg，连喂 3～7 天，可提高肉鸡增重。

（10）板蓝根 60，冰片 2，雄黄 1，混饲，鸡每 100 kg 饲料加 0.80～1 kg。用于鸡传染性喉气管炎、传染性支气管炎、慢性呼吸道病、呼吸道型大肠杆菌病等。

（11）醋蒜液治鸡白痢。取 20 g 大蒜去皮后捣成泥状，用 100 ml 食醋浸泡 1～2 周，使用时加入 4 倍的水稀释，按每只鸡 0.5～0.8 ml 的量滴服，每天 3 次，连续用 3～5 天即可治愈。

（12）石膏治鸡啄羽。啄羽是肉鸡群养中常见的一种异食癖，多数是因饲料中缺乏含硫氨基酸所引起，若能及时用 1%～2% 的石膏粉拌料饲喂，既补充了硫元素，促进蛋白质合成，又降低了鸡大脑的兴奋度，迅速遏制啄羽癖的发生。

六、使用中草药添加剂喂鸡时应注意的问题

（一）注意鸡的生理特点

鸡属阳性之体，体温高，代谢率高，宜选用一些平补消导之类的药物，而不宜用大温大寒药物。

（二）根据鸡的育龄和生长发育状态恰当用药

雏鸡应结合补饲消食健胃类药物，产蛋鸡应添加促进代谢的药物，健康不佳的鸡应结合加入清热解毒的药物。

（三）根据时令和中药的性能合理用药

春季慎用燥性药物；夏季应适量加入化湿健脾的药物；冬季应用温里滋补的药物；春夏温暖，添加量应相应减少，秋冬寒

冷，添加量应相应增加。

七、中草药饲料添加剂防病促生长的效果已为许多试验和应用证明

在养鸡业中，中草药饲料添加剂可提高鸡的成活率，增加产蛋量、产肉量，并能达到防病治病的效果。

（一）大蒜

大蒜中富含蛋白质、糖类、磷质及维生素 A 等营养成分，其含有的大蒜素具有健胃、杀虫、止痢、止咳、驱虫等多种功能。在鸡饲料中添加 3%～5%的大蒜渣，可提高雏鸡成活率，增加蛋鸡产蛋量；按 10%添加到日粮中，连喂 3 天，可治疗球虫病和蛲虫病。患雏鸡白痢的病鸡，用生蒜泥灌服，连服 5 天，病鸡可痊愈。

（二）艾叶粉

艾叶中含有蛋白质、脂肪、多种必需氨基酸、矿物质及丰富的叶绿素和未知生长素，能促进生长，提高饲料利用率，增强家禽的防病和抵抗能力。在肉鸡饲料中添加 2%～2.5%的艾叶粉，可提高增重，节省饲料；蛋鸡日粮中添加 1.5%～2.0%的艾叶粉，可提高产蛋率 4%～5%，并能加深蛋黄颜色，提高鸡的防病抗病能力。

（三）松针粉

松针有丰富的营养成分，含有 17 种氨基酸、多种维生素、微量元素、促生长激素、植物杀菌素等。鸡日粮中添加 5%松针粉可节省一半禽用维生素；蛋鸡可提高产蛋率 13.8%，且能加深蛋黄颜色；肉鸡可提高成活率 7%，缩短生长期，减少耗料量，降低饲料成本。

（四）苍术

苍术味辛、苦，性温，含丰富的维生素A、维生素B，其维生素A含量比鱼肝油多10倍，还含具有镇静作用的挥发油。苍术有燥湿健脾，发汗祛风，利尿明目等作用。鸡饲料中加入2%～5%苍术干粉，并加入适量钙粉，有开胃健脾，预防夜盲症、骨软症、鸡传染性支气管炎、喉气管炎等功效，还能加深蛋黄颜色。

（五）蒲公英

蒲公英有清热解毒、消肿散结、利尿通淋等功能，对革兰氏阳性菌、金葡萄球菌有抑制作用。饲料中添加2%～3%的蒲公英干粉，有健胃、增进食欲、促进生长等功效，并可预防消化道、呼吸道疾病，提高雏鸡成活率。

（六）陈皮

陈皮为橘类的成熟干燥果皮，含挥发油、橙皮苷、胡萝卜素及维生素 B_1、维生素C和锌、钴、铁等元素，有理气健脾、燥湿化痰等功效，还可抑制葡萄球菌、溶血性嗜血杆菌生长。日粮中添加2%～3%陈皮干粉，可增强家禽食欲和消化能力，促进生长，增强鸡体的抗病能力。

（七）麦芽

麦芽含有淀粉酶、转化糖酶、维生素 B_1、卵磷脂等成分，性味甘温，能提高饲料适口性，促进家禽唾液、胃液和肠液分泌，可作为消食健胃添加剂。一般日粮中可添加2%～5%麦芽粉。

（八）黄芪

黄芪含有氨基酸、微量元素、胆碱等，可促进机体蛋白质代谢和新陈代谢，可作为促生长添加剂。在肉鸡日粮中添加0.5%～1%的黄芪粉，可加快肉鸡增重，提高饲料利用率，增强机体免疫能力。

（九）杜仲

杜仲是一种多天然活性物质、多功能的植物。杜仲纯粉是采用现代化工艺从杜仲叶中提取的有效成分。肉鸡试验：每一只肉鸡按体重给予2.5 g/kg的杜仲叶粉末（或水煎液），60天后，鸡肉结实，口感柔软细嫩，具有土鸡的诱人香味和品质。

八、小结

随着饲料工业的发展，饲料添加剂已进入一个新的发展阶段。化学合成饲料添加剂的使用将逐渐减少，纯天然饲料添加剂必将代替化学合成饲料添加剂。中草药饲料添加剂、微生态制剂和酶制剂能够更好地满足人类健康所需要绿色食品的要求。现阶段中草药饲料添加剂存在着生产设备简单、工艺落后和技术含量低等缺点，已成为天然饲料添加剂生产亟待解决的问题。随着抗生素及其替代品的药物残留问题，以及人们对绿色产品越来越迫切的要求，开发中草药饲料添加剂具有广阔的发展前景。

第五节　天然矿物质在家禽生产中的应用

一、天然矿物质饲料的定义

天然矿物质饲料是指那些在动物饲料中，能提供多种营养元素，促进动物机体新陈代谢，提高饲料转化率，且无毒无害的天然矿物。矿物饲料是配合饲料的重要组成部分，它不仅可为动物生产提供30多种营养性元素，还能以特有的理化性质——吸收性、离子交换性、膨胀性、润滑性、悬浮性、黏结性、可塑性、分散性、流动性、表面活性、造胶性、矿化性、化学亲和性、化学惰性和无毒性、耐酸性、热稳定性等，促进动物体内新陈代谢、吸氨固氮，改进动物的消化机能，提高饲料转化率，增强动物食欲，个体强壮、皮毛丰润、增重多、产量高、成熟早、性欲强、受孕率高，还有防病治病、防虫除菌、保温解潮、净化环境等功能。

二、天然矿物饲料添加剂的特性

（一）颜色浅淡，质地较软

其成品细腻爽滑，拌入饲料中能均匀分散，并易与饲料颗粒黏结混合，不易分离析出。

（二）无异味、无毒

由于天然矿物饲料不会有异味的腐殖质等成分，不会释放异常的刺激性气体，适口良好。

（三）富含常量元素和微量元素

天然矿物饲料含有多种常量元素和近 20 种微量元素，这些元素是动物所需的生命元素和重要营养成分，这些天然元素在动物胃液酸度条件下有一部分被溶解吸收，补充动物需要。

（四）化学稳定性

天然矿物的结构和化学性质比较稳定，不会对基础饲料产生不良化学作用（如氧化、还原、潮解等），也不易与外加的其他矿物质微量元素产生反应。

（五）承载性能优越

由于天然矿物的硬度较低，晶层和晶粒之间容易活动，易于加工成细粒和细粉，矿物中存在丰富的孔穴，有较大的表面积，这些特性对其中的微量元素质点等有很好的亲和及承载力，制成的添加剂极富活动性和分散性，因而能很好地与基础饲料配合，能使其他微量添加物均匀分散，成为较理想的载体物料。

（六）良好的吸附性和离子交换性能

由于膨润土、沸石等有较强的阳离子交换性能以及对某些元素成分的吸附特性，这些特性对动物机体的微量元素有着平衡调节的作用，同时对消化道和排泄物中的有害气体及病原菌有一定的吸附、抑制作用，从而增进动物生长，有益保健。

三、饲用矿产添加剂的主要功能

作为动物饲料添加剂，起促长、缓释和调味功能；作为饲料中营养元素的调节剂；作为动物体内吸附剂和净化剂；作为动物药剂或药物；作为饲料的抗结块剂和制剂；用于饲料脱毒。

四、饲用矿产添加剂具备的条件

（1）会有丰富或比较丰富的，有利于动物吸收、生长的营养元素，结构元素和微量元素，或会有木质纤维素、糖类、氨基酸、蛋白质、粗脂肪等营养成分。

（2）较高的分子孔隙度，良好的吸附性、吸水性、膨胀性、流动性、可溶性吸离子交换及催化性能。

（3）结构细粒或较细粒，硬度比较小。

（4）不会有毒元素（Pb、As、Hg、Cd、F 等），或所含有毒元素在规定水准之下等。

五、几种常见天然矿物饲料添加剂在家禽生产中的应用

（一）天然沸石

养殖业的天然沸石主要的是斜发沸石和丝光沸石。研究表明

斜发沸石可吸收动物饲料中霉菌产生的毒素，并提高了家禽对养分的吸收。大量发表的数据表明，天然沸石在日粮中使用降低了腹泻的频率、严重程度和持续时间（Mumpton 等，1977）。由于其高离子交换能力，沸石已被有效用于预防动物重金属中毒（Pond 等，1983）。沸石还具有吸附放射性元素和重金属的能力，并因此被认为是改变毒素摄入的一种方式（Papaioannou 等，2005）。

（二）稀土

有机稀土添加剂，主要特点是：产品不含药物、激素和抗生素等任何有害物质，是生产绿色食品的新型饲料添加剂。该产品与传统“营养型”饲料添加剂相比较，最显著特点是不简单地、重复地为动物增加营养来达到养殖目的，而是运用“激活动物体内酶的活性和刺激动物生长激素细胞的合成与分泌生长激素”的方法，来促使动物自身增强吸收营养的潜能，提高动物对饲料的消化吸收和显著加快动物生长，缩短养殖周期，是一种具有显著经济效益和社会效益的功能性饲料添加剂。在种鸡日粮中添加100 mg/kg有机稀土，产蛋率提高 3.4%，料蛋比降低，受精率、出雏率明显提高，死淘率降低。添加 120 mg/kg 有机稀土，总产蛋量提高 8.18%，产蛋率提高 6.41%，投出产出比为1∶38。

在高寒地区肉鸡日粮中添加适量的稀土饲料添加剂，表明稀土具有比较确实的作用效果和明显的经济效益；在生长肉鸡中添加 50 mg/kg 稀土添加剂效果最好。

在蛋鸡日粮中添加 0.01%、0.015%、0.02%的有机稀土，可以提高产蛋率 9.59%、5.72%、0.893%，以添加 0.01%的效果最好，产蛋高峰期延长 7 天。

（三）麦饭石

应用麦饭石分别以 0.5%，1%，1.5%比例拌料饲料喂鸡，

（黏度为 80～100 目），结果提高产蛋率 1.37%～12.3%，提高饲料转化率 3.89%～26.3%，例如：用甘肃省寺儿坪农场鸡场 120 日龄开产蛋鸡 800 只，基础产蛋率 66%，随机分为四组，实验组分别添加 0.5%，1%，1.5%麦饭石于基础日粮中，对照组只喂基础日粮（配方：玉米 59%，豆饼 22%，大麦 3.8%，鱼粉 3%，麸 1%，血粉 1.7%，骨粉 1.5%，石粉 7%，食盐 0.62%，蛋氨酸 0.02%，赖氨酸 0.01%，$CuSO_4$ 50g/t，$MnSO_4$ 80g/t，$ZnSO_4$ 50g/t），试验期 60 天，产蛋率分别为 74.40%，70.07%，73.45%（对照组为：67.454%），经生物统计，0.5%麦饭石组和 1.5%麦饭石组达到显著水平。

育成鸡饲料中添加 5%的麦饭石，使育成鸡 140～290 日龄产蛋率提高了 7%～8%（$P<0.05$）。料蛋比提高 16%～23%，蛋壳厚度也有明显增加（$P<0.05$），且蛋中微量元素铜、铁、锰、钴及 18 种氨基酸都高于对照组。

对鹅生产性能的影响。用 1 日龄安义青湖的小型灰鹅，饮用盘山麦饭石浸泡液配合麦饭石混料，1～21 天，平均每天每只添加 1.077 g；22～60 天，每天每只添加 0.806 g（日粮组成：细糠 35%、玉米 10%～42%、菜饼 10%～3%，豆饼 9%～14%、鱼粉 1%、谷粉 17%、麦麸 20%、辣椒粉 0.5%、骨粉 4%～2.7%、食盐 0.3%、多维 0.1%）60 日龄称重结果饭石组增重明显。

此外，麦饭石滤料还可与其他药物配伍组成复方，混饲用于畜禽生产性能的提高及某些疾病的防治。

（四）膨润土

膨润土应用于蛋鸡，可提高产蛋率、蛋重、蛋壳厚度、饲料利用率和蛋中铁、铜、钴、锰及必需氨基酸的含量。应用于肉鸡，可促进增重，降低由于饲喂含黄曲霉毒素的饲料时对鸡的影响。

第四章 天然活性物质在家畜生产中的应用

第一节 天然活性物质在养猪生产中的应用

一、中药在养猪生产中应用的优势

中医“治未病”的理念，使得中药作为调理用药对猪病的控制具有其独特之处，强健体质，药效持久，适应面广，安全低毒，不易产生耐药性，能真正起到保健预防的作用，明显提高猪群成活率，增加经济效益。另外，中草药作为饲料添加剂，对提高猪群繁殖、生长性能及产品品质方面，也有很大优势。

（一）中药的作用

1. 中药可以改善消化吸收功能 中药本身是天然的动植物或矿物质，含有猪只可以吸收利用的维生素、微量元素、蛋白质、植物多糖、有机酸、苷类和未知活性因子等，它们对淀粉、蛋白质、脂肪有助消化作用，同时能健胃并促进猪的食欲，有利于改善新陈代谢，促进生长发育，降低料肉比，提高饲料利用率和生产性能，如山楂、神曲、苍术、陈皮等。另外，有些中药还可以提高猪只的繁殖和泌乳性能，如淫羊藿、香附、熟地、益母草等。

2. 中药可以改善肉质和胴体品质 试验证明，中草药添加剂可以降低猪胴体背膘厚度，增大眼肌面积，提高瘦肉率，还可以通过改善畜产品的色泽、风味等影响胴体品质，可以满足人们对绿色食品、放心猪肉的生活需求。

3. 中药具有抑菌、杀菌作用 现代医学研究证明，许多芳香型中草药的挥发性成分可以从核糖核酸、脱氧核糖核酸、能量转化等许多环节干扰病原微生物的代谢，从而达到抑菌、杀菌的目的，可提高机体的免疫力，如连翘、板蓝根、白头翁等；中草药含有多糖类、有机酸类、生物碱类、苷类和挥发油类，在动物体内能刺激胸腺发育，增强巨噬细胞的功能，使免疫功能增强，如黄芪、白术、牛至、刺五加、穿心莲等。

4. 中药讲究辨证施治 中药的使用是根据疾病的原因、性质、部位，以及邪正盛衰之间的关系，能更全面、更深刻、更正确地揭示疾病的本质，对疾病发展过程中不同质的矛盾用不同的方法去解决，不同于西药对某一症状的对症治疗和同样方药治疗同一疾病的单纯辨病治疗而言，中药则标本兼治。

5. 中药几乎没有残留，基本没有抗药性 中药保持了各种成分的自然性和生物活性，其成分与动物机体非常和谐，易于被机体吸收利用，不能被吸收的也能顺利排出体外，因此几乎没有残留。由于中药与抗生素相比其化学成分要复杂千百倍，各种成分相互协调协同，病菌无法同时对所有成分产生耐药性，因此中药也基本没有抗药性。

6. 中药组方对机体基本没有损伤 中药组方讲究“君、臣、佐、使”，阴阳平衡。“君”指方剂中起主要治疗作用的药物。“臣”指辅助君药治疗主证，或主要治疗兼证的药物。“佐”指配合君臣药治疗兼证，或抑制君臣药的毒性，或起反佐作用的药物。“使”指引导诸药直达病变部位，或调和诸药的药物。因此，良好的中药组方疗效更加全面、彻底，而且在治病的同时避免了对机体的损害，而抗生素则是一把“双刃剑”，在治疗疾病的同时往往会对机体实质性器官造成损伤。

（二）中药使用应注意的一些问题

1. 单一的中药有一定的毒副作用 中药的有效成分比较复

杂，一个复方可能有几十种中药，在组成过程中有可能会发生成分的变化，有些单一的中药具有毒副作用，如柴胡主要成分为柴胡皂苷，有肾毒性，损害肾脏，导致肾上腺肥大、胸腺萎缩；板蓝根长期使用也会损害肾脏，并导致内出血和对造血功能损伤；黄连、黄柏含小檗碱，孕畜长期使用可导致幼畜溶血症，引起黄疸，必须合理配伍、科学组方才能祛除其毒副作用。另外，使用不当也会出现一些问题，具有破瘀、活血、理气的中草药，如桃仁、红花、大黄、元胡等，以及中成药活络丹、跌打丸等，会影响胚胎的着床。

2. 中药药效慢用量大　中药抗病，其有效成分不仅直接作用于病菌，同时还对机体机能进行多方面的调节，因此相对西药药效稍慢。目前中草药作为饲料添加剂多为粗制品，原料药经过粉碎、搅拌混合后，直接添加于饲料中，普通粉碎的药物有效成分含量少，吸收利用率又低，造成添加量过高，一般都在1%以上，有的高达5%甚至10%，不仅运输、保存不便，而且易改变饲料中的营养成分，造成使用困难。

3. 加工工艺影响使用效果　我们国人在服用中药时大都要煎服，因为中药材大都是生药，只有经过特定的炮炙处理，才能更符合治疗需要，充分发挥药效，而且对炮炙工具都有特定要求（必须用砂锅而不能使用金属制品），并且注意操作技术和讲究火候，不同的组方要求不同，甚至加入药材的先后、时机都有规定，不同的制作工艺会显著影响使用效果。

4. 配伍组方没有国家标准　现行配方大多数是添加剂生产企业制定，在制定中草药添加剂配方时，一是借助中医资料记载优选；二是根据中草药的用途、功能；三是根据临床用药经验的积累进行组方，再通过饲养试验，检验其效果后优选。组方没有系统的科学试验理论，中药配方尚无固定国家标准，难以确保使用效果。

5. 剂型有待改进　中草药用于猪病防制，如果都要进行炮灸，对于规模猪场比较困难，而不同的剂型效果又不同，为适应现代养猪生产的要求，应针对单方或复方采取不同的方法分离提纯、萃取或破壁精制，获得其有效成分或生物活性物质，制备成预混粉剂、备溶粉剂、颗粒剂、口服液、包衣微囊剂等，既应用方便又确保效果，同时可以使其微量化。

6. 检测难度大 目前中草药添加剂生产企业常见的检测方法为感官检测和显微镜检测，这两种检测方法只能对药物进行简单鉴别，无法就其成分加以判定，同时中草药作用方面较多，对动物机体的调节作用也是多方面的，相关研究资料稀少，没有具体的国家标准和统一的检测手段，因此对中草药的检测难度较大。

7. 需要药敏试验 不同的中药组方其抑菌、杀菌功效不同，同一组方也有不同的抗病作用，有些药物的作用机理尚不完全清楚，因此在治疗疾病时也应该进行药敏试验，只有针对性的合理使用才能达到应有治疗效果。

二、中草药饲料添加剂在猪生产中的应用

中草药是纯天然物质，无毒害、无残留、无耐药性，安全可靠，而且兼有营养和药效双重功能，因而受到我国畜牧工作者的重视。我国地域辽阔，中草药资源十分丰富，因而在发展中草药饲料添加剂方面有巨大的潜力，中草药饲料添加剂也将成为21世纪前景广阔的重要的“绿色”饲料添加剂。

随着我国畜牧业由传统粗放型向现代化集约型生产经营的转变，以防病保健、促进生长、无耐药性等优势为生产绿色食品创造了极高效应的中草药饲料添加剂替代原有的抗生素及化学制剂，是发展的必然趋势。

（一）中草药添加剂的作用机理

1. 补充营养成分 中草药含有多种营养成分及活性物质，

加入饲料中可补充营养成分，促进消化吸收功能，提高饲料利用率和生产性能。

2. 中草药具有免疫活性　增强免疫机能资料表明，近200种中草药免疫有效活性成分主要有多糖、苷类、生物碱、挥发性成分和有机酸。许多中草药能够提高猪免疫力，增强抗病力，常用于猪病防治中。

3. 抑菌抗菌作用　近年来研究发现，某些中草药具有抑制有害菌繁殖，促进有益菌生长作用。吴力夫等发现中草药具有抗仔猪腹泻作用，主要是其中的生物活性物质，能直接抑菌、杀菌，驱除体内有害寄生虫，而且能调节机体免疫机能，具有非特异性抗菌免疫作用。

（二）中草药在养猪业的应用

目前应用的中草药添加剂有理气消食、益脾健胃、驱虫除积、活血化瘀、扶正祛邪、清热解毒、抗菌消炎、镇静安神、清凉度夏、增膘越冬等药理作用。健胃中草药神曲、麦芽、山楂、陈皮等具有一定的香味，能提高饲料的适口性，促进家畜唾液、胃液和肠液分泌，促进机体对营养的吸收。贯众、槟榔等具有驱虫作用，对猪蛔虫、绦虫等寄生虫有驱除作用。有利于气血运行的中草药有当归、益母草、五加皮等，使猪代谢旺盛、机体强健、膘肥体壮。金银花、野菊花、蒲公英等能够预防外邪入侵。远志、松针粉、酸枣仁养心安神，使猪在肥育阶段安神熟睡、催肥长膘、提高饲料利用率。马齿苋含烟酸皂苷、鞣酸、草酸、维生素A、维生素B、维生素C，有促进猪食欲、加速生长、止痢等作用。

1. 中草药促进猪的生长

（1）中草药含有丰富的氨基酸、矿物质和维生素等营养成分，可通过补充猪饲料中营养参与机体新陈代谢而发挥促生长作用。如：在猪的日粮中加入2%～3%艾叶粉，日增重可提高

5%、可节省饲料10%；加入3%～7%槐叶粉，日增重提高10%～15%，节省饲料10%以上；加入4%薄荷叶粉，日增重提高16%。麦芽、山楂、陈皮、枳实、五味子、松针、甜叶菊等属于理气消食、益脾健胃功效的药物，能够改善饲料的适口性，增加动物食欲，提高饲料转化率及猪肉的质量。远志、山药、鸡冠花、松针粉、五味子、酸枣仁、茴香、薄荷等药物可促进和加速猪的增重和育肥。

（2）提高猪肉品质研究表明，一些中草药添加可改善育肥猪胴体特性和肉品质。中草药可提高背膘厚度，增大眼肌面积，提高猪肉瘦肉率，对肉质及风味有一定的改善作用。此外，中草药中的天然植物色素，还能改善猪肉色泽，提高猪的商品价值。

（3）激素样作用剂可对猪体起到类似于激素的调节作用，提高繁殖能力。香附、当归、甘草、蛇床子等具雌激素样作用；淫羊藿、人参、虫草具雄激素样作用；细辛、五味子具有肾上腺样作用；水牛角、穿心莲、雷公藤具有促肾上腺皮质激素样作用。

2. 中草药防治猪病

（1）保健功效。中草药的许多有效成分可以提高机体免疫力，有预防和治疗疾病的功能。其中有效活性成分如生物碱、挥发油等可以通过调节动物机体的免疫系统，达到增强免疫的效果；香菇多糖、茯苓多糖、灵芝多糖等都具很好的免疫刺激作用；黄芩多糖还可促进淋巴细胞转化，提高免疫球蛋白含量，抑制病毒的繁殖。同时，通过调整阴阳、扶正祛邪，调节机体的抗病功能，增强抵御病菌侵害的能力。

（2）抗菌，抗病毒，驱虫功效，有些中草药本身就有抗菌作用，如金银花、连翘、蒲公英、大青叶具有广谱抗菌作用；板蓝根、射干、金银花有抗病毒作用；苦参、土槿皮、白鲜皮具抗真菌作用；茯苓、虎杖、黄柏、青蒿可抗螺旋体。有些具有增强猪体抗寄生虫侵害能力及驱虫作用，如槟榔、贯众、硫黄、百部对蛔虫、姜片吸虫有驱虫作用。

（3）抗应激，抗氧化，改善肠道菌群功效。猪只在长期应激状态下，会导致食欲降低、消瘦、贫血、免疫力降低等现象。中草药可全面协调猪体的生理代谢，通过抗应激作用促进动物的生长。如柴胡、水牛角、黄芩可以起到抗击热源的作用；刺五加、人参能够提高猪体抵抗力；党参和黄芩可阻止或减轻应激反应。另外，中草药中的多糖、皂苷和黄酮等化合物可直接或协同维生素C发挥抗氧化作用。中药能很好地调节肠道微生态平衡，减少有害肠杆菌的数量，增加有益菌（如乳酸杆菌、双歧杆菌）。这些益生菌可合成有机酸及细菌素等抑菌物质，有助于机体对抗有害微生物、抵御病原微生物的侵袭。

（4）治病功效。一直以来，中草药单方、复方在兽医临床实践中及农村实际生产中应用较为普遍，效果良好。如百部、蛇床子、大蒜、石榴皮、仙鹤草具有润肺化痰的作用；当归、益母草、枯草、月季花、红花等可以活血化瘀、扶正祛邪。在治疗母畜乳房炎时，可用公英散（蒲公英、金莲花、连翘、浙贝母、瓜蒌、大青叶、当归、王不留行）。治疗消化类疾病时，可用健胃散（黄芩、陈皮、青皮、槟榔、六神曲）等，可理气消食、清热通便。

（三）中草药添加剂在养猪不同阶段的应用

1. 哺乳及断乳仔猪　中草药添加剂能够降低哺乳仔猪发病率，提高成活率，增强消化吸收功能，促进生长发育，如黄芪、党参、茯苓、白术、甘草、马齿苋、当归、神曲、山楂、麦芽等。

2. 保育猪　中草药添加剂能降低腹泻率，提高保育猪采食量，提高日增重和饲料报酬，如黄芪、大蒜素、神曲、黄芪、党参、茯苓、白术、陈皮等。

3. 育肥猪　中草药能够提高育肥猪胴体瘦肉率，降低胴体脂肪，改善胴体品质和肉质特性，如陈皮、白术、苍术、葛根、甘草、松针等。

(四) 中草药对猪几种常见传染病的防治作用

1. 猪瘟 廖斌发等采用贯众、双花、板蓝根、犀牛角等几十味中草药精制而成的根瘟灵注射液，经过20多年的临床使用，并通过许多单位兽医临床实践证实，对治疗早期、中期疑似猪瘟的疗效分别是95.4%和50.5%。全国25个省、自治区争相试用根瘟灵，已治愈疑似猪瘟和热性痛57万余头（10年统计），其中治愈常见型猪瘟115 054头，混合型感染460 246头，占80%(非典型)。李锦宇等认为猪瘟临床治疗应以清热解毒凉血化斑养阴生津为法，方用“清瘟败毒散”加减（水牛角、生地、石膏、知母、黄连、黄芩、黄柏、玄参、柏子仁、丹皮、赤芍、桔梗、金银花、牛蒡子、连翘、荆芥、鲜芦根、甘草）；口渴甚者加麦冬，重用鲜芦根、玄参等；便中带血多者加槐花、侧柏叶等；抽搐重者加钩藤、天麻等；便秘者，应重用生地、玄参，适当加大黄、芒硝等（不可泻下太过，以免耗气伤津）；腹泻者，因腹泻为热毒之邪引起，故不可固涩太过，以防闭门留寇。

2. 猪繁殖与呼吸综合征及圆环病毒病 胡梅、崔保安等报道，利用Marc－145细胞体外培养系统，通过观察细胞病变效应来评价中药黄芪、板蓝根等中药活性提取物成分体外抑制猪繁殖与呼吸综合征病毒（PRRSV）对细胞的感染作用，并通过改变加药方式（先加药物后接种病毒、先接种病毒后加药物、药物与病毒同时加入），初步探讨中药活性提取物的抗病毒机制。结果表明，在安全浓度范围内，板蓝根水提取物对PRRSV具有显著的直接杀灭作用。连翘、黄芪水提取物及黄芪多糖体外对PRRSV均具有明显的阻断和抑制作用。为筛选抗PRRSV中药制剂提供了理论依据。现在市场上有许多预防控制猪繁殖与呼吸综合征及其他免疫抑制性疫病的中药制剂，大多数配方内含有扶正祛邪、清热解毒、抗毒杀菌、提高机体免疫力的成分，如黄芪多糖或其他植物活性多糖、板蓝根、大青叶、陈皮、金银花、甘草、党参、白术、当归等；或金银花、大青叶、石膏、生地、丹参、苇茎、黄芩、知母、麦冬、黄连、苍术、白术、黄芪、陈皮、焦三仙、甘草等。

3. 猪咳喘病的中药防治　断乳 10～80 日龄的猪咳喘病，在春、秋、冬三个季节最为严重，发病率为 20%～45%不等，发病猪只的死亡率一般在 30%，患猪体温 40.5～41.5 ℃，皮毛粗乱，患猪下痢并发呼吸道症状、神经症状、严重消瘦、衰竭死亡。用西药治疗易反复。大群用辛凉宣泄、清肺平喘、清泻肺热、化痰止咳的纯中药拌料效果明显。

（1）金银花、连翘、黄芪、桔梗各 10 g，瓜蒌、苏子、陈皮、甘草各 6 g，共研细末，混料喂服，连用 3 天。

（2）金银花、大青叶、葶苈子、远志各 10 g，瓜蒌、杏仁、枇杷叶、川贝、地龙各 5 g，马兜铃、紫苏、甘草各 3 g，共研细末，混料喂服，连用 3 剂。

（3）金银花 40 g，葶苈子、麻黄、瓜蒌、麻黄各 25 g，桑叶、白芒各 15 g，白芍、茯苓各 10 g，甘草 25 g，水煎灌服，每日一剂，连用 2～3 剂。

（4）石膏、知母、元参、柴胡、黄芩、金银花、连翘各 30 g，寸冬 25 g，桔梗、当归、赤勺、甘草各 20 g，均匀粉碎，拌于 50 kg 饲料中，连用 10 天。本方对胸膜炎放线菌、金黄色葡萄球菌、肺炎球菌均有较强的抗菌和抑制作用，同时还具有抗流感病毒、防治仔猪下痢的作用。

4. 猪传染性胃肠炎　范绪和自 1980 年以来，试用“三黄加白汤”加减治疗猪传染性胃肠炎百余例，取得较满意疗效。“三黄加白汤”组方为黄连、黄芩、黄柏、白头翁、枳壳、猪苓、泽泻、连翘、木香、甘草，若腹泻剧烈且粪便黏液较多者，加地榆炭、大黄炭；粪中带血者加侧柏炭、炒槐花；腹痛剧烈者加郁金或元胡；里急后重加酒大黄；口渴贪饮者加沙参、麦冬、花粉；

热毒炽盛而舌绛者加二花、赤芍、丹皮；大肠邪火犯肺并发肺癀而咳喘者酌加黄芩，并加栀子、知母、贝母；体弱或产后母猪加阿胶等。朱建强采取以中药为主，辅以西药对症治疗，药用白头翁、黄柏、黄芩、金银花、泽泻、木通、山楂各 10 g，大黄、滑石粉、苍术、白术、陈皮、甘草、麦芽各 5 g（以上为 20 kg 猪的用量）。

5. 中药防治仔猪下痢 刘素洁报道，选择 35 日龄体重相近的 30 头断乳仔猪，采用 3 种不同中草药方剂和一种高效西药抗生素（利高霉素）对早期断乳仔猪进行促生长和防腹泻作用的试验，结果显示，中草药方剂有促生长和防腹泻的效果。方剂：白头翁 50 g、黄连 30 g、黄柏 50 g、秦皮 50 g、金银花 30 g、连翘 30 g，均匀粉碎，开食的每头仔猪每天 10 g，连用 7 天。没有开食的仔猪在哺乳母猪的饲料中每天添加一剂，连用 3 天，可收到很好的疗效。

综上所述，中草药添加剂在养猪业上具有广阔的应用前景，应该加强研究工作，研究开发作用广泛、取材方便、价格合理的猪用中草药添加剂，以期早日取代目前广泛应用的抗生素和化学类药物添加剂，以达到无公害生猪养殖的目的。

三、微生态制剂的研究进展及其在养猪生产上的应用

微生态制剂无毒副作用、无耐药性、无残留，是一种能通过改善肠道微生态平衡而促进机体健康的外来添加物，不仅有利于降低猪粪中有害气体及其他有害物质的排放，而且在保护生态环境、维护生态平衡方面具有十分重要的作用。目前在动物养殖业中已被广泛应用，将成为“抗生素”最有潜力的替代品。

（一）微生态制剂概述

微生态制剂可直接饲喂动物并在动物消化道内起有益作用，是根据动物微生态平衡理论、微生态失调理论、微生态营养理论

和微生态防治理论，利用动物体内正常微生物成分及其代谢产物或生长促进物，经培养、发酵、干燥、加工等特殊加工工艺而制成的生物制剂或活菌剂。较早被称作益生素和促生素，国内也称为微生态制剂，在美国被命名为DFMs（直接饲用微生物），欧盟委员会将其命名为微生物制剂。

微生态制剂品种繁多，主要由芽孢杆菌、乳酸菌、双歧杆菌、拟杆菌、酵母菌、光合细菌等组成。按作用可分为主要作用于动物体内的饲喂型及主要作用于体外环境的环境改良型两种，二者在菌种的使用上有一定的区别，但也有重叠，通常乳酸菌、酵母菌等主要作为饲喂型微生态制剂；沼泽红假单胞菌主要作为环境改良型微生态制剂；而芽孢杆菌既作为饲喂型又可作为环境改良型。在实际生产中，微生态制剂又可分为单一菌制剂和复合菌制剂，市售的多为复合菌制剂，只是其中的菌种种类和数量有别。

（二）微生态制剂的作用机理

微生态制剂进入机体内主要通过一些物质的生成和对肠道微生物区系的改变而发挥作用，其作用机理相当复杂，而且在理论上的研究进展还比较慢，目前对其作用机理的研究主要是基于“微生态平衡理论”，主要包括以下几个方面。

1. 优势菌群学说　正常微生物群对整个肠道菌群起决定作用，在正常微生物群与畜禽机体和环境所构成的微生态系统内，少数优势种群对整个种群起决定作用，一旦失去了优势种群，则造成微生态失调，使用微生态制剂可补充或恢复优势种群，使失调的微生态达到新的平衡。正常情况下，动物肠道内存在大量的微生物菌群，其中能有效促进动物生长和饲料消化的有益菌群主要由杆菌、真菌、消化球菌、厌氧弯曲杆菌等专性厌氧菌群、乳酸杆菌和双歧杆菌构成。

2. 生物夺氧学说　畜禽肠道内的优势微生物种群为厌氧菌，

当一些有益的好氧益生菌（如芽孢杆菌）进入肠道后在生长繁殖过程中消耗环境内的氧气，造成厌氧环境，有助于厌氧菌的生长，而需氧与兼性厌氧菌下降，从而使失调的菌群平衡调整到正常的状态，以达到防病治病促生长的目的。

3. 生物颉颃作用 又称生物屏障理论，也称嵌合作用。正常的微生物群有序地定植于黏膜或细胞上皮构成机体防御屏障，而有害菌只有定植于黏膜上皮的某些位点，才能对机体发挥毒性作用，这些微生物可竞争性抑制病原微生物黏附到肠黏膜上皮细胞上，同病原微生物竞争营养物和生态位点，从而在一定程度上阻止了病原微生物的生长繁殖。

4. 增强机体免疫力，抵御感染 有益微生物能够刺激动物机体产生干扰素，提高免疫球蛋白浓度和巨噬细胞活性，增强机体体液免疫和细胞免疫功能，增强机体抵抗力。很多乳酸杆菌和双歧杆菌能够提高机体体液抗体水平。

5. 产生消化酶和有益代谢产物，促进营养物质消化吸收 动物微生态制剂中的活菌可以在动物消化道内产生一些消化酶和有益代谢产物，如有机酸、抗菌物质、各种酶类物质、过氧化氢等。如芽孢杆菌有很强的蛋白酶、脂肪酶、淀粉酶活性，还能降解植物性饲料中较复杂的碳水化合物；有机酸如乳酸、乙酸、丙酸等能够降低肠道 pH，从而能抑制致病性大肠杆菌和沙门氏菌的生长繁殖，同时在酸性环境中，胃蛋白酶原被激活为有消化力的胃蛋白酶，有助于蛋白质的消化吸收，有机酸还可加强肠道的蠕动，促进消化吸收。另外，微生态制剂中的有益菌群在消化道繁衍，能促进消化道内多种氨基酸、维生素等一系列营养成分的有效合成和吸收利用，从而促进畜禽的生长发育。

（三）微生态制剂在养猪业中的应用

（1）提高饲料转化率，改善生产性能。微生态制剂中的某些有益菌生物能产生多种消化酶（部分酶畜禽体内不具有），可以促进猪对营养物的消化吸收，提高饲料转化率，从而降低生产成本。

（2）保持肠道菌群平衡，降低腹泻率。合理使用微生态制剂可以较好地调节动物肠道菌群，保持肠道菌群的平衡，对有害菌起到了很好的抑制作用，对降低腹泻率、防治仔猪下痢、缓解断奶应激和提高仔猪成活率都有显著作用。

（3）改善动物产品品质。

（4）改善生态环境，减少环境污染。

（5）增强机体免疫机能，预防疾病。

（四）微生态制剂的应用前景及发展趋势

当前微生态制剂在养猪生产中的应用前景非常广阔，研究开发微生态制剂应从以下几个方面着手。

（1）目前微生态制剂的研究主要还停留在使用效果上，应将动物微生物学、动物营养学和预防兽医学紧密联系起来，进一步深入研究动物微生态制剂的作用机理。

（2）运用分子生物学微生态工程和基因工程技术，根据不同动物体内不同的微生态环境研制功能性的微生态制剂，使微生态的使用朝高效、专一性方向发展。

（3）加强对益生菌与低聚糖类、中草药、氨基酸、酶制剂和矿物质等添加剂的协同效应和协同机理的研究；进一步开展复合菌型微生态制剂的研究。由于单一菌的作用有限，多菌复合微生态制剂也将是人们研究的重点，从混合发酵培养微生态制剂中，对混合菌之间的共生协同作用机制进行深入研究。

（4）加强微生态制剂应用推广、售后服务和咨询等配套措施研究。

此外，还要尽快建立完善统一的质量标准、检测标准，并制定相关法律，规范和监控微生态制剂的生产研究。

四、微生态制剂在养猪生产中的应用

在养猪生产中，使用的饲料中长期添加抗生素、化学合成药物和激素类药物等，用于预防保健与促生长，尤其是抗生素的使用，越用越多，越用越滥，不仅造成严重的药物残留与生态环境的污染，而且造成病原体耐药性增强，危害动物性食品与人类健康的安全，应引起大家的高度关注。健康养殖是低能耗、低污染、低排放的养殖业，这是目前我国养殖业发展的一种新模式，与国家提倡建设资源节约型和环境友好型社会的要求是一致的。因此，在养猪生产中要大力提倡在饲料中不要添加抗生素与激素类药物，可使用微生态制剂、中草药制剂与新型抗菌药物，即细胞因子制剂等，既安全、效果好、使用方便，又无药物残留，不产生耐药性，能保障动物性食品的安全，这是养殖业今后的用药方向。

（一）动物微生态制剂的主要功能

1. 提高猪只的生产性能和饲料利用率 微生态制剂中的有益菌可产生多种消化酶、维生素、有机酸和促生长因子等多种生物活性物质，这对提高猪只的生产性能和饲料转化率非常重要。饲喂微生态制剂的猪群平均提高增重12%～20%，提高饲料转化率为10%，仔猪成活率可提高5%～10%，死亡率大大降低。可促进母猪发情，延长发情期，提高受孕率与产仔成活率等。

2. 提高猪只的免疫力与抗病力 微生态制剂中的各种益生菌通过占位、黏附、竞争性排斥；营养物质的争夺，生长过程中产生的有机酸、细菌素、抗菌肽、溶菌酸及过氧化氢等物质，可抑制与排除有害细菌，维持机体肠道内微生态平衡，防止消化道与呼吸道各种疾病的发生。据有关研究报告，使用微生态制剂的猪群，猪的肠道疾病发病率减少25%，呼吸道疾病降低了50%。益生菌的细胞壁上存在着肽聚糖等，可刺激肠道的免疫细胞增加局部免疫抗体的数量，有利于增强动物机体的抗病力。乳酸菌分泌的免疫球蛋白 IgA 与分歧杆菌产生的胞壁酰二肽（MDP）均能活化巨噬细胞，诱导机体产生细胞因子，增强吞噬细胞和淋巴细胞的活性，提升体液免疫和细胞免疫的功能。

3. 提高畜产品的品质，生产绿色食品　微生态制剂无毒副作用，无药物残留，无耐药性，使用安全，可促进猪肉肉质的改善，减少脂肪沉积，是生产绿色食品的最佳添加剂。孙建广等（2010）研发报告：使用乳酸菌生产的微生态制剂混料喂育肥猪，结果表明可显著提高亚油酸（$C_{18:2}$），二十碳二烯酸（$C_{20:2}$），花生油酸（$C_{20:4}$）和诸多不饱和脂肪的含量（$P>0.05$）。证明其能不同程度地改善育肥猪酮体品质和肌肉质量。

4. 改善养猪场的生态环境　微生态制剂在肠道内定值，一方面抑制病原菌（特别是腐败菌）的繁殖，可减少有害毒物质的产生与排出；另一方面益生菌又与胃肠道内的原有的正常菌群协同作用，提高饲料转化利用率，减少蛋白的氨与胺的转化，减少氨气、氢气、吲哚、硫化氢、粪臭素等有害物质的产生与排放量，消除恶臭的气味，减少环境污染，净化空气质量。一般可使猪舍内氮气含量降低 10%～25%，硫化氢降低 4%～6%。益生菌在代谢过程中产生大量的有机酸、抗生物质等，对蚊蝇等害虫的生长繁殖有很强的抑制作用，可减少蚊蝇的滋生。使用微生态制剂的养猪场，一般蚊蝇的数量可减少 90%左右。同时益生菌对猪场高浓度有机粪尿废水还有明显的净化效果。

目前市场上使用的微生态制剂有：乳酸菌制剂、芽孢杆菌制剂、真菌制剂与酵母菌制剂等微生态制剂，是选用优良的菌种，经液体深层发酵、离心、浓缩，低温冷冻干燥和微胶囊化包被，复配和包装等生产而制成的，产品具有质量优质（复合型），稳定性好，储藏期长，抗干燥和耐热性与抗外界因子的能力强；繁殖能力、产酶能力、产酸能力、产细菌素与抗菌肽的能力强；活菌数含量高，不受胃酸与胆汁的干扰等特点，是抗生素最佳的替代品。

（二）动物微生态制剂在养猪生产中的应用

1. 乳仔猪专用微生态制剂冠菌道 由芽孢杆菌，乳酸菌、肠球菌及其代谢产物，各种消化酶，生物活性因子、特殊佐剂组合，微囊化包被而成，每克活菌含量100 000万。

仔猪出生后，饲喂冠菌道2～3 g，连喂3天，有效提高成活率75%；仔猪断奶时，可于水中0.2%添加活菌源，连用一个星期，可有效地预防仔猪的腹泻性疾病（包括细菌性与病毒性腹泻）与呼吸道病，降低断奶应激，营养应激，饲料应激，温度应激及环境应激等，提高仔猪的免疫力与抗病力，保证疫苗的免疫效果，仔猪生长快，毛色好，成活率高。

2. 育肥猪与后备种猪专用微生态制剂猪源康 由芽孢杆菌、酵母菌、粪肠球菌及其发酵代谢产物，多种生长因子，特殊佐剂组合，微囊化包被而成，每克活菌含量100 000万。保育猪转群进入育肥舍或当做后备种猪饲养，从转群开始使用猪源康0.2%拌料，连喂7天；育肥中、后期可连续添加，饲喂至出栏上市。可有效地改善育肥猪的生长速度，提前10～12天出栏上市，降低肉料比0.5%左右，降低应激，解除免疫抑制，提高免疫力与抗病力，有效预防消化道与呼吸道疾病的发生，改善酮体水平，提高肉品质量。

3. 母猪专用微生态制剂母源康 由功能性产酶芽孢杆菌、肠球菌、乳酸菌及其代谢产物，多种生长因子、特殊佐剂组合，经微囊化包被而成，每克含有效活菌数为10 000万。

生产母猪在妊娠期使用母源康，可降低各种应激，减少免疫抑制，提高母猪的免疫力与抗病力，防止母猪繁殖综合征的发生。如妊娠初期使用，有利于改善母猪营养与体质，提高受孕率，并使胚胎安全着床，健康发育。妊娠中期使用母源康有利于母子健康，胎儿发育正常，降低死胎率95%以上。妊娠后期使用母源康，不仅有利于母猪安全产仔，乳水充足，仔猪健康，而且能有效地防止母猪发生“三炎症”，即子宫内膜炎、阴道炎、乳房炎，以及母猪便秘与厌食症等。

4. 动物微生态制剂与猪用疫苗的配合使用　动物微生态制剂可以与猪用的各种疫苗配合使用，即在给猪只免疫接种之前5天在饲料中添加微生态制剂连续饲喂，使用疫苗免疫接种后再连续饲喂5天，可明显的提前2天产生抗体，并能提高抗体水平1～3个滴度，使猪体产生抗体快，抗体持续时间延长，还能有效地降低免疫应激反应。

（三）使用微生态制剂注意事项

1. 改善养殖观念与用药观念，加深对动物微生态制剂的认识　在养猪生产中要始终坚持“养重于防、防重于治、预防为主、养防并举”的原则，改变“重治轻防、重治轻养”的旧观念。在猪病防治中要少用或不用抗生素，改变那种“养猪离不开抗生素，离开抗生素就养不好猪”的旧观念。动物微生态制剂不是药品，不要把微生态制剂与抗生素画等号，把动物微生态制剂当做抗生素去使用。动物微生态制剂是一种可直接给动物饲喂的微生物添加剂，在提高动物的免疫力，预防某些疾病，提高动物的生产性能，改善饲养环境，提高经济效益与促进健康养殖业的持续发展中可发挥重要的作用。为此，在养猪生产中可阶段性或长期在饲料中添加动物微生态制剂，既安全、无药残、无耐药性，有利于促进养猪业的健康发展与保障动物性食品的安全。在饲料中不加抗生素与激素类药物，才能真正发展健康养猪。

2. 选用品牌产品用于养猪业生产　当前市场上动物微生态制剂产品多而乱，标准不统一，质量不稳定，作用效果差，不同的生产企业生产的微生态产品质量相差很大。有的养殖场反映，使用微生态制剂与不使用一个样，没有什么效果。有一些企业生产工艺简单，发酵技术、真空干燥技术和微胶囊技术不过关，活菌数极低，杂菌很高，打着各种旗号标榜产品质量，以低价格去占夺市场。广大养殖户一定要认真调查、分辨好坏，选择信誉好、创新能力强、科技含量高、售后服务好的品牌企业购买产品，以免影响养殖业的健康发展，造成重大的经济损失。

3. 微生态制剂与抗生素的使用问题 正确使用动物微生态制剂可提高动物机体的自身免疫力与抗病力，在养猪生产中可以减少抗生素的使用或者不用抗生素。如果发生重大动物疫病，加之生物安全措施不到位，免疫预防程序不合理、不科学等，有针对性地使用某些优质抗生素也是必要的。但是，使用抗生素时要避免与动物微生态制剂同时使用，一般要间隔3～5天为好。与消毒药物（如饮水消毒等）和驱虫药物也不要同时使用，以免影响微生态制剂的使用效果。

4. 动物微生态制剂在养猪生产中可与疫苗配合使用 有利于增强疫苗免疫产生抗体快，抗体水平高，提高疫苗的免疫效果，使动物获得坚强的免疫保护。两者相互之间不会产生干扰现象。

5. 根据猪只生长的不同阶段与微生态制剂专用功能选用不同的产品 企业生产的动物微生态制剂功能不完全一样，有专用型，如猪用的微生态制剂就有乳猪专用型、保育仔猪专用型、育肥猪专用型、后备母猪专用型、母猪专用型等，一定要根据猪只各个不同的年龄段与其需要，有针对性地选择不同的微生态制剂产品，更能有效地发挥其功能，保障猪只的健康生长，达到预期效果。

（四）当前动物微生态制剂常用的主要菌种

1. 乳酸杆菌类（嗜酸乳杆菌、干酪乳杆菌、植物乳杆菌等）乳酸菌在代谢过程中能产出大量的有机酸，溶菌酸及过氧乙酸等，具有很强的杀菌功能，抑制有害菌的繁殖，抑制有机物的腐烂分解；代谢中产生的多种氨基酸，合成维生素（维生素 B_1、

维生素 B_2、维生素 B_6、维生素 B_{12}、维生素 C)，给动物增添营养物质，帮助食物的消化及吸收，促进宿主代谢，克服腐败过程，分解与转化有害物质，保障动物正常健康的生理状态；能刺激肠道的免疫细胞增加局部免疫抗体的数量，诱导免疫球蛋白 A 的分泌，提高动物机体的免疫力与抗病力。

2. 芽孢杆菌类（枯草芽孢杆菌、蜡样芽孢杆菌、纳豆芽孢杆菌等） 好氧的芽孢杆菌可消耗肠内的氧气，使局部氧分子浓度下降，抑制有害的大肠杆菌与沙门氏菌繁殖，其代谢中产生的细菌素与过氧化氢对有害菌也有强大的杀伤能力；抑制腐败菌生长，进而减少氨、胺有害物质的产生；代谢产物中的氨基酸，维生素 B 族，促生长因子及各种酶（蛋白酶、淀粉酶和脂肪酶等)，给动物提供营养，帮助消化食物，大大地提高饲料的转化利用率；在反刍动物的瘤胃中，能分解纤维二糖，为动物提供营养，并提高免疫力与抗病力等。

3. 肠球菌类（粪链球菌、尿链球菌、禽链球菌、鸟链球菌、乳链球菌等） 能产生乙酸、甲酸、拮抗致病性大肠杆菌与沙门氏菌，维持肠道需氧菌与厌氧菌的比例，调节菌群平衡；还能产生维生素 B_1、维生素 B_2、维生素 B_6、维生素 B_{12}、维生素 C 等多种维生素。

4. 酵母菌类（啤酒酵母菌、产朊假丝酵母菌等） 酵母菌含有丰富的蛋白质和维生素，是动物的有效养分；产生促进细胞分裂的活性物质，有利于乳酸菌和放线菌的生长；提高免疫力与抗病力；还能产生维生素 B_1、维生素 B_2、维生素 B_6、维生素 B_{12}、维生素 C、氨基酸及多种酶类。

5. 光合细菌类 代谢中产生糖类、氨基酸类，维生素类等生物活性物质，促进动物生长发育，提高对饲料的转化利用率；可净化水体、净化饲养环境，通过太阳能或紫外线做能源，利用有机物和有害气体为基质，净化水质与土质。

6. 丝状真菌类 产生淀粉酶、蛋白酶、纤维素分解酶，分解有机物，促进饲料营养成分的转化与分解，提高动物对饲料的利用率。

五、活菌中药微生态制剂让育肥猪提早出栏

生长育肥猪是猪生长速度最快和耗料量最大的阶段，要想获得适当的利润，必须采用科学的管理技术，提高日增重和饲料利用率，提早出栏。育肥猪提早出栏的技术措施很多，猪的品种、饲料品质、饲喂方法、栏舍设施、疾病控制和猪场的管理等都会影响育肥猪的日增重，从而影响育肥猪的出栏日龄。

专业饲养育肥猪是指养猪专业户到仔猪专业市场或专业饲养仔猪的猪场购买断奶后的仔猪进行育肥，到 100 kg 左右出栏销售的一种饲养方式，是目前比较适合农村推广发展的一种养猪法。其主要优点有：①经营方式简单，易于起步，易于掌握，而且可根据市场行情的波动，随时上马下马。如能摸准市场脉搏，不但可赚取养猪本身的利润，还可赚取差价。②猪舍结构简单，设备要求较低。③饲养周期短，资金周转快，从投入到产出最多 3～4 个月。④固定资金投入少，栏舍周转快，每个栏舍每年饲养 3～4 批。

生长育肥猪是猪生长速度最快和耗料量最大的阶段，要想获得适当的利润，必须采用科学的管理技术，提高日增重和饲料利用率。而育肥猪的出栏日龄对养猪的经济效益影响很大，因为出栏日龄越短，饲料的消耗量就越少，料肉比也越低。饲料成本要占养猪成本的 70%～80%，降低了饲料消耗量也就等于降低了成本，因而提高了养猪的经济效益。

育肥猪提早出栏的技术措施很多，猪的品种、饲料品质、饲喂方法、栏舍设施、疾病控制和猪场的管理等都会影响育肥猪的日增重，从而影响育肥猪的出栏日龄。因此，只有采取一系列综合技术措施才能使育肥猪提早出栏。

（一）品种

瘦肉型杂交猪的日增重明显高于本地品种和本地品种的杂交猪，杂交种有生长优势，一般喂养杂种一代猪日增重可提高15%，节省饲料20%，且发病率明显降低。在购买仔猪时，要选体形好、吃得多、长得快和尾巴粗而短的猪（长白、大约克），一般优良仔猪可节省饲料20%。

（二）饲料品质

饲料品质的高低对育肥猪的出栏日龄影响很大，瘦肉型猪的生长速度快，瘦肉率高，因此对饲料质量的要求也高。目前规模猪场采用的饲料普遍存在低能量高蛋白，氨基酸不平衡的现象，要想提早出栏，必须合理搭配日粮。根据小猪长骨、中猪长肉、大猪长脂的生长规律和猪体对蛋白质的需要前高后低，脂肪沉积前低后高的规律，把猪的生长发育划分为三个阶段，小猪阶段20～35 kg，中猪阶段35～60 kg，大猪阶段60～90 kg。这三个阶段又可划分为两期，60 kg以前为前期，60 kg以后为后期。前期日粮蛋白质要高些，一般要求占日粮的14%～18%，后期占日粮的12%～14%，但能量供给要相应增加，使猪快速生长，节约饲料，增加瘦肉并提早出栏。日粮在全价基础上，必须适当增加维生素、微量元素及氨基酸，以应付高生长速度可能带来的应激，同时注意提高日粮的适口性，适当降低日粮中粗纤维的含量。

（三）饲喂方法

不同的喂养方法对育肥猪的出栏日龄也有影响。

一般采用自由采食与限量饲喂两种饲喂方法，前者日增重高，背膘较厚，后者饲料转化效率高，背膘较薄。为了追求高的日增重用自由采食方法最好，为了获得瘦肉率较高的胴体采用限量饲喂方法最优；如果肉猪为三元杂交猪或杂交猪，采用自由采食法，日粮稍加调整则可以获得高的日增重和优等级胴体；肉猪前期采用自由采食，后期限制能量饲料饲喂量，则全期日增重高，胴体脂肪也不会沉积太多。

限量饲喂方法的饲喂次数，应按饲料形态，日粮中营养物质的浓度以及肉猪的年龄和体重而定。限量饲喂要防止强夺弱食，当调入肉猪时，要注意所有猪都能均匀采食，除了要有足够的食槽外，对喜争食的猪要勤赶，使不敢采食的猪能得到采食，帮助建立群居秩序，分开排列，同时采食。采食、睡觉、排便三角定位，保持猪栏干燥清洁：通常运用守候、勤赶、积粪、垫草等方法单独或几种同时使用进行调教。例如，当小肉猪调入新猪栏时，已消毒好的猪床铺上少量垫草，食槽放入饲料，并在指定排便处堆入少量粪便，然后将小肉猪赶入新猪栏，发现有的猪不在指定地点排便，应将其散拉的粪便铲到粪堆上，并结合守候和勤赶，这样，很快就会养成三点定位的习惯。在小猪阶段，最好是采用自由采食，自由采食比分餐饲喂出栏日龄要早5～10天，因为在仔猪和小猪阶段受胃肠道容积的影响，分餐饲喂的采食量要低于自由采食的，而且分餐饲喂的饲料消化吸收率也低于自由采食的，分餐饲喂比自由采食更容易发生腹泻。

同时，一定要供给充足清洁的饮水，肉猪的饮水量随体重、环境温度、日粮性质和采食量等而变化，一般在冬季，肉猪饮水量约为采食风干饲料量的2～3倍或体重的10%左右，春秋季约为4倍或16%左右；夏季约为5倍或23%左右。饮水的设备以自动饮水器最佳。

采用生料喂猪。生料饲喂可以使饲料中的营养物质维生素免受高温破坏，可省人工，节省燃料，减轻劳动强度，节约饲料；相反，稀汤灌大肚养猪，影响唾液分泌，冲淡胃液对消化不利，大量水分需要排出体外，造成生理上的额外负担。用生料喂猪，每增重1 kg节省精料0.6～1 kg。

（四）猪场的管理

1. 生长环境对育肥猪的出栏日龄也有明显的影响　生长育肥猪的适宜生长温度为 18～21 ℃，低于适宜温度会使猪增加采食量，降低日增重，高于适宜温度会使猪降低采食量而影响日增重，因此，冬天要做好防风保温，天冷时采用塑料暖棚和室内勤垫干草等方法给猪舍增温，减少猪体能量消耗。据测，气温在 3 ℃时，铺草比不铺草每增重 1 kg 可节省饲料 0.7 kg。夏天要做好通风降暑。育肥猪的饲养密度也会影响日增重，适宜的饲养密度保育栏每头 0.15～0.2 m^2，生长育肥栏每头 0.8～1 m^2。猪舍必须保持安静，以减少刺激，保持猪舍温度适宜、干燥和通风，使病原微生物得不到繁殖和生存的条件，同时供应充足的清洁饮水，定期进行饮水消毒及常规消毒。

2. 肉猪原窝饲养　新进猪只，原则上是原窝饲养。猪是群居动物，来源不同的猪并群时，往往出现剧烈的咬斗，相互攻击，强行争食，分群躺卧，各据一方，这一行为严重影响了猪群生产性能的发挥，个体间增重差异可达 13%。而原窝猪在哺乳期就已经形成的群居秩序，肉猪期仍保持不变，这对肉猪生产极为有利。但在同窝猪整齐度稍差的情况下，难免出现些体重轻的弱猪，可把来源、体重、体质、性格和吃食等方面相类似的猪合群饲养，同一群猪个体间体重不能相差过大，在小猪阶段群内体重差异不宜超过 2～3 kg，分群后要保持群体的相对稳定。

（五）搞好防疫和驱虫

因为专业育肥猪饲养时间短，在当前疾病发生非常严重的形式下，新进猪只必须根据当地疫情及本场免疫程序进行接种疫苗。但是每一次免疫都会导致短期的免疫力下降，病原微生物趁机感染、发病，也会对畜体产生程度不一的应激，应激导致免疫力下降。同时每一次免疫都要产生大量的抗体，需要消耗大量的蛋白，易导致畜体短期营养不足，营养不足导致免疫力下降。而且机体的免疫应答能力是有限的，有限的应答能力无法对无限的抗原产生应答，结果是必须免疫好的主要疫病得不到保护。因此一定要执行尽量简单的免疫原则：不该打的疫苗坚决不打，可打可不打的疫苗，选择不打，保证打好该打的疫苗，如猪瘟、口蹄疫等。同时根据不同日龄驱虫 1～2 次，驱虫后及时把粪便清除发酵，以防再度感染。

（六）使用活菌中药微生态制剂“猪源康”进行预防保健

使用活菌中药微生态制剂“猪源康”进行预防保健，全程使用按 0.2%比例进行拌料，全天量集中使用效果更佳。活菌中药微生态制剂的作用是多方面的，作用方式主要包括：①维持肠道菌群正常化；②维持瘤胃功能正常化；③提高消化道的吸收功能；④抑制毒素的产生；⑤提高动物的免疫功能；⑥分解氨气等有毒有害气体浓度。其效果主要表现在营养功效和疗效两大方面，包括提高饲料利用率，降低料肉比；促进畜禽增长，提高日增重；缩短饲养周期，提早出栏，降低管理成本；提高畜禽的品质；降低环境污染的程度；减少病害发生，提高存活率等。

六、酵母多糖在养猪生产中的应用研究

近年来，随着养殖业及饲料工业的迅速发展，大量使用抗生素所产生的危害已逐渐为人们所重视。环保型绿色饲料添加剂——酵母多糖（YPS 免疫多糖）是具有抗生素兼益生素双重作用的免疫促进剂，凭借其天然高效、无残留和无耐药性等优点而得到广大养殖户的关注和认可，越来越受到学术界和养殖业的重视，已经成为当今科研热点之一。

（一）YPS 的生理功能

YPS 是酵母细胞壁的重要组成部分，广泛存在于酵母和真

菌的细胞壁中。酵母细胞壁约占细胞干质量的30%，一般分为3层，中间层是糖蛋白层，内外2层分别为葡聚糖层（约占细胞壁干质量的30%～34%）和甘露聚糖层（约占细胞壁干质量的30%），这2层多糖也是YPS的主要活性成分。近年来，YPS的研究逐渐深入，国内外科技工作者对YPS的研究有了许多新的研究成果。国外研究证实：YPS是大分子多糖，其中含有100～300个甘露糖分子。此外，YPS无毒且无诱变性，具有广泛的生物学活性。YPS不仅具有一定的营养价值，而且还具有促生长、增强免疫、抗病毒及抗氧化等多种重要的生物学功能。

1. 营养作用　直接提供动物多种营养成分，促进动物生长发育；提高动物肠道消化酶活性；促进微生物繁殖和增强活性，调节胃肠道微生态平衡；提高动物对纤维素和矿物质的消化率。

2. 保健作用　YPS提高免疫力和抗应激能力，吸附致病因子，保障动物健康。YPS有2种重要的多糖成分——葡聚糖和甘露聚糖，因此能激发、增加机体的免疫力和抗病力，对细菌、真菌和病毒引起的畜禽疾病及运输、转群、接种和气候变化等引起的应激反应产生非特异性免疫力。饲用YPS不仅可以提高动物的非特异性免疫水平来提高免疫力，增强抗感染能力，而且还可以平衡肠道微生态、调节动物消化道微生态环境、抑制有害菌繁殖并促进动物新陈代谢，避免肠道过度腐败，有降低血清内毒素含量和促进生长的作用，并可部分代替抗生素。此外，对饲料霉变等原因引起的动物体内毒素沉积，具有极强的分解作用，并可有效降低动物排泄物的异味，从而降低蝇蛆的繁殖，降低舍内氨气，改善禽舍的内环境。

（二）YPS的作用机制

目前YPS的机制研究在国外进行得比较多，国内报道相对较少。一方面，YPS能促进维生素合成并刺激肠道蠕动，辅助食物消化和营养吸收，促进动物新陈代谢，避免肠道过度腐败，降低血清内毒素含量，从而促进机体的生长发育。另一方面，张倩等（2009）认为：其营养作用是通过激发和增强机体免疫力改善动物健康来提高生产性能，充分发挥幼龄动物的生长潜力。试验结果证实：甘露寡糖能提高仔猪日增质量和饲料转化率，其原因可能是：提高了仔猪的免疫力，抑制了病原菌在胃肠道的增殖。对于保健作用，研究表明：免疫 YPS 能通过激活鱼体巨噬细胞和补体，促进抗体形成及诱导产生干扰素等过程，增强其细胞免疫和体液免疫功能，从而提高机体的特异性和非特异性免疫机能，改善动物健康状况，提高生产性能。

刘宗秀等（2011）报道，YPS 的免疫作用主要通过葡聚糖的功能实现：①刺激动物体内淋巴细胞的增殖。②活化动物体内的巨噬细胞，在葡聚糖的刺激下，产生大量对机体免疫功能起关键作用的巨噬细胞，而巨噬细胞通过吞噬作用吸收、破坏和清除体内损伤的、衰老的、死亡的自身细胞和侵入体内的病原微生物。③增加动物体产生自然杀伤细胞的能力。④诱使动物对念珠菌病产生非特异性免疫，提高存活率。⑤维持微生态平衡来增强动物免疫力，改善动物健康状况，增加动物对外界不良刺激的适应性，这与朱春森等（2007）观点基本一致。朱春森等还认为：甘露寡糖主要能够优化动物胃肠道微生态环境，降低胃肠道疾病。甘露寡糖具有较高的结合病原菌的能力，病原菌细胞表面或绒毛上具有类丁质结构，能够通过识别特异性糖类受体，并与受体结合，从而在肠壁上发育繁殖，导致一些肠道疾病的发生。很多肠道病原体的凝集素能利用与含 D-甘露糖受体结合的 1 型菌毛附着于肠黏膜上皮，由于甘露寡糖结构与病原菌在肠壁上的受体非常相似，并与类丁质有很强的结合能力，添加 YPS 为细菌提供了丰富的甘露糖源，从而避免了细菌与肠壁的亲和，一旦甘露寡糖与这些类丁质结合，会使病原菌不再附着于肠壁上，而病原菌不能利用甘露寡糖作为供其生长的能量来源，导致病原菌因不能利用甘露寡糖而缺乏能源。由于甘露寡糖不会被消化酶降解，从而携带病原菌通过肠道，因此可以起到防止病原菌定植的作用，故又称其为病原菌吸附剂或病原菌清除剂。这样实现了YPS对肠道微生态环境的调控，使肠道中的乳酸杆菌明显增加而大肠杆菌数量减少，促进肠道菌群中有益的活性菌——乳酸杆菌的繁殖；此外，甘露寡糖可以螯合胃肠道释放黄曲霉毒素，并且可以结合玉米赤霉烯酮，其具体作用机制还有待进一步研究。

（三）YPS在养猪生产中的应用研究

YPS作为微生物制剂中的一种，常作为免疫增强剂添加于动物日粮中。大量研究表明：YPS可促进水产动物和鸡的生长，提高免疫力，相对而言在养猪生产中的研究报道较少。甘露寡糖作为饲料添加剂应用于养猪生产时，能清除某些毒素，激活动物的免疫反应，促进仔猪的生长发育，提高断奶仔猪的日增质量和饲料转化率；提高抗病性能，降低胃肠道疾病的发生率和病死率。金淑英等（2001）研究YPS对断奶仔猪抗病和促生长作用，研究表明：添加1%YPS，日增质量比对照组提高6.06%，腹泻率降低50%，这说明，YPS能促进断奶仔猪生长发育，降低仔猪腹泻率，优于使用抗生素组，这是由于甘露糖减少了沙门菌在小肠中的定植，从而减少沙门菌和大肠杆菌的数量。此外，断奶仔猪是免疫系统最薄弱的时期，使用YPS可迅速增强主动免疫功能，减少断奶应激，提高仔猪成活率；并指出可用YPS来代替抗生素以促进仔猪的生长发育和提高抗病性能。王学东等（2008）试验结果表明：在日粮中添加1.5～2 kg/t YPS，可以促进仔猪的生长，提高饲料利用率；还能够明显提高猪的抗疾病感染能力，有效减少圆环病毒（PCV）的感染机会。由于YPS是一种良好的免疫增强剂，通过激发免疫功能，维持肠道微生态平衡来改善动物的健康状态，进而提高生产性能；同时发挥免疫佐剂的作用，提高疫苗的抗体效价，增强猪的特异性免疫水平。说明使用免疫增强剂控制疾病感染是切实有效。Spring研究了甘露低聚糖对仔猪加强防御能力的作用，仔猪胆汁中免疫球蛋白（Ig）的质量浓度在常规猪和无特定病原（SPF）猪中没有差别，但常规猪肠和血清中的 Ig 质量浓度更高，SPF 猪饲喂甘露寡糖提高了肠和血清中的 Ig 质量浓度，该效应在常规猪中并不太明显，仅在小肠中 Ig 质量浓度较高，常规育成猪饲喂甘露寡糖显著提高了 B 淋巴细胞的数目，这说明，甘露寡糖可以提高猪的体液免疫功能。

（四）小结

YPS 是一种复杂的多糖复合物，作为一种无毒害和可取代抗生素的饲料添加剂，表现出很强的多种生物活性；作为一种具有抗生素兼益生素双重作用的免疫促进剂，在畜牧业生产中具有广泛的应用前景。目前，YPS 的研究主要偏重于作为鱼类与家禽的免疫增强剂，在养猪中的研究相对较少，需进一步研究并在动物生产中推广应用。随着酵母细胞壁多糖研究的不断深入，其应用于实际生产也会越来越普及，相信在今后要求日益严格的养猪生产中能发挥巨大的作用。

七、植物提取物在猪生产中的应用

自 20 世纪 50 年代发现饲料中低浓度的抗生素不但可以预防动物疾病，还可以促进畜禽生长以来，各种抗生素随之被广泛添加于饲料中作为促生长剂。特别是在现代畜牧业追求最大经济利益的驱动之下，人们大量使用抗生素来提高动物生产性能。随着研究的不断深入，饲料中长期添加抗生素的负面效应逐渐受到人们的关注，饲料中使用促生长抗生素，能够使部分细菌产生耐药性，耐药菌又将耐药因子传递给其他敏感菌，使其对原来敏感的药物产生抵抗力，在动物生产中为了杀灭该类病原菌，动物生产者不得不提高给药剂量。通常，饲料中所使用的抗生素或化学合成药物在动物体内会产生一定的蓄积，但在停止使用一段时间后，动物体通过自身的新陈代谢作用，体内蓄积量会减少，如不按规定用药、停药，体内蓄积的药物不能被动物代谢排出，从而会残留在畜禽产品中对人体产生危害；其次，某些耐药菌对抗生素的抵抗力还会影响人类某些疾病的预防和治疗。

因此，人们逐渐意识到抗生素残留的危害性，许多国家相继立法禁止在动物生产中使用抗生素类促生长剂。对于动物生产者而言，为了追求最大的养殖效益，不得不寻找能有效替代抗生素的新型饲料添加剂。随着研究的不断深入，人们发现某些植物提取物中的活性成分能够有效杀灭病原菌，可以替代饲料中的部分抗生素。研究表明，天然植物提取物由于没有化学合成药物的弊端，其所含的活性成分不但具有抗菌作用，还具有抗病毒和抗氧化等特性，在畜禽上应用不仅能提高动物的生产性能，改善幼龄动物的肠道环境，增强动物免疫力，还能提高母畜的繁殖性能，因此，植物提取物替代抗生素在猪生产中的应用越来越受到人们的关注。

（一）植物提取物及其主要特性

所谓的植物提取物，通常是指以物理、化学和生物学手段，从植物的种子、根、茎、叶等部位分离、纯化的某一种或多种有效成分为主体的产品。众所周知，植物体所含化学成分复杂，其次级代谢产物主要包括黄酮类、生物碱类、苯丙素类、糖苷类、甾体类、醌类、萜类、脂质类、鞣质类、挥发油类等多种物质。通常，我们将提取出的挥发性芳香物质称作精油，其主要成分为萜烯烃类、芳香烃类、醇类、醛类、酮类、醚类、酯类和酚类等。研究表明，在体外植物提取物对于包括霉菌在内的多种病原菌具有抗菌作用，其主要抗菌的活性物质为酚醛化合物。植物提取物的抗菌机制大致被认为是疏水的芳香油进入细胞之后，破坏膜结构，导致细菌细胞破裂，从而起到抗菌作用。另外，研究表明，多种非酚醛类植物提取物也具有较高的抗菌活性，如柠檬精油。部分植物提取物还具有抗氧化功能，如产芳香油的百里香、牛至草和迷迭香等，其主要抗氧化活性物质多为酚萜或类黄酮。

饲料中添加具有抗氧化特性的植物提取物，不但能够提高饲粮的抗氧化性，防止饲粮中易被氧化的物质遭到破坏，而且添加后还能够间接提高猪肉的抗氧化性能。植物提取物除了具有以上特性外，还具有营养性、抗病毒和抗毒素等特性。虽然在饲粮中添加具有抗菌作用的植物提取物，其首要目的是替代抗生素促进动物健康和快速生长，但同时对饲粮本身的营养水平、抗氧化能力及抗菌防霉等也能起到不同程度的促进作用，从而可以提高饲粮品质。目前，植物提取物在猪生产中的应用主要侧重于以下几个方面：①提高猪采食量、促生长，提高营养物质的消化吸收，改善饲料利用率；②调节猪肠道微生物菌群、改善饲养环境；③改善猪的免疫性能，提高抗病力；④改善肉品质；⑤抗氧化、抗炎症作用。

（二）植物提取物在猪生产中的应用

1. 植物提取物对仔猪生长发育的影响　在现代养猪业中，仔猪饲养是其中的关键环节之一，在生猪养殖过程中，饲养断奶仔猪是一个非常关键的阶段，仔猪断奶后的饲养环节对于猪后期的生产有着极为重要的影响。研究表明，在断奶后的最初几天里，由于仔猪的应激反应，如与母猪分离、身体及免疫系统发育不完善、有病原菌感染、环境或日粮改变等因素，结果可能会使仔猪出现下痢、脱水、体重损失等情况，最终影响仔猪健康和生产性能。因此，关注仔猪断奶后的健康状况，能够为生长肥育阶段实现更好的生长打下良好的基础。抗生素促生长剂在仔猪生产中的应用，在取得巨大成效的同时，人们也逐渐认识到抗生素类产品所带来的危害性。因此，人们逐渐将研究方向转移至抗生素替代品上，植物提取物以其特有的功效，在替代抗生素的作用上越来越受到人们的关注。

研究表明，在仔猪饲粮中添加植物精油提取物使仔猪平均日增重和平均日采食量分别提高 5.04%和 3.0%，料肉比降低 1.9%；研究表明，植物精油中的活性成分对革兰氏阳性菌和革兰氏阴性菌具有强烈的抗菌特性；孙鎏国等研究表明，在断奶仔猪日粮中添加牛至油预混剂，试验组比对照组腹泻率减少 40%；伍喜林等报道牛至油使仔猪日增重提高 15.19%，料重比下降 12%；刘容珍等研究表明，日粮添加 0.03%的植物提取物，可显著提高仔猪的日增重和饲料转化率；Manzanilla 等在 21 天断奶仔猪日粮中添加不同水平的复合植物提取物（5%香芹酚、3%肉桂醛和 2%辣椒油树脂）也得到相同的结果；植物提取物的促生长作用可能与其能促进幼龄动物早期肠道发育、调节肠道菌群结构有关；Li 等研究表明，仔猪饲粮中添加精油复合物（百里香酚和肉桂醛）50 g/t、100 g/t 或 150 g/t 饲料，结果表明，与对照组相比，添加精油能够降低仔猪腹泻率和粪中大肠杆菌数量，增加淋巴细胞转化率和吞噬率，同时增加血液中的 IgA、IgM、C3 和 C4 含量，添加 100 和 150 g/t 精油组能够显著改善仔猪日增重和饲料转化率；Li 等同样研究表明，在 35 天的仔猪试验中，与不添加抗生素的负对照组相比，添加精油组（百里香酚和肉桂醛复合物）和正对照组仔猪平均日增重和粪便评分显著改善、干物质和粗蛋白消化率以及淋巴细胞增殖显著增加、仔猪空肠绒毛高度与隐窝深度比显著增加、盲肠和结肠以及直肠中大肠杆菌的数量显著降低、结肠中总需氧菌数量显著降低；与负对照组相比，正对照组血浆中 IGF－I 水平显著增加；与负对照相比添加精油组血浆中白介素－6 显著降低、肿瘤坏死因子水平显著增高、血浆总抗氧化能力增加、同时结肠中乳酸菌与大肠杆菌比显著增加。Manzanilla 等研究表明，植物提取物混合物（香芹酚、肉桂醛和辣椒碱）具有改善仔猪肠道形态的作用，同时还可以促进动物消化液分泌，提高各种消化酶活性。除此之外，植物精油可通过选择性抑制大肠杆菌和沙门氏菌等多种肠道致病菌，还能促进胃肠道双歧杆菌和乳杆菌等有益菌的增殖，进而调节仔猪消化道菌群平衡，维持肠道健康。

由此可见，某些植物提取物具有特殊的芳香气味，可改善饲料的适口性，进而提高动物的采食量；另外，植物提取物所含活性成分如百里香酚、香叶醇、香柠檬油等物质具有抗菌作用，可以杀灭胃肠道的有害微生物，改善胃肠道微生物平衡。因此，在仔猪饲料中添加植物提取物不但能够促进仔猪阶段的健康生长，同时对仔猪后期生长发育也具有积极的作用。

2. 植物提取物对生长肥育猪的影响 在猪生长肥育阶段，养殖者希望通过较少的饲料而得到较快的增长速度。植物性饲料添加剂在动物饲养和兽医学上早有研究。特别是在欧洲，减少养猪生产中使用抗生素的压力迫使研究人员开发具有抗生素类似作用且有利于环境的替代物。生长肥育阶段，猪日粮中添加植物提取物，在生长速度和饲料利用率方面能起到与抗生素类似的效果，从而可以更好地发挥生长猪的生产潜力。魏凤仙等研究结果表明，饲料中添加黄芪多糖对生长育肥猪的生产性能具有一定的提高趋势，同时，在饲料中的黄芪多糖能提高生长猪血液中球/白比值，提高机体体液免疫和细胞免疫的能力，也即具有提高动物机体免疫性能的能力；蔡海莹等研究发现，饲粮添加茶多酚能提高肥育猪肌肉总抗氧化能力，添加一定浓度的茶多酚，有利于提高生长肥育猪的免疫性能，在一定程度上还能降低腹泻率。

因此，在生长肥育猪饲粮中合理使用植物提取物能够有效地降低抗生素的使用量，同时，能够提高猪采食量、改善料重比。

3. 植物提取物对母猪的影响 植物提取物不仅可以作为母猪的抗菌、促生长剂，而且可以提高母猪的繁殖能力。Isley 等研究表明，混合植物提取物（香芹酚、辣椒和肉桂）可提高母猪泌乳第 1 周蛋白质的消化率。Allan 等研究表明，添加止痢草提取物的经产母猪，其平均日采食量比对照组高10%；母猪年死亡率显著降低，泌乳期母猪的淘汰率显著降低；同时窝产活仔数增加，分娩率增加，产死胎数降低。总体来看，饲喂止痢草提取物，每头母猪多产0.78头仔猪。Mauch等研究表明，添加止痢草提取物的经产母猪的年死亡率比对照组减少43.79%，泌乳期的母猪淘汰率显著降低，同时分娩率增加8.84%，窝产活仔数增加1.4头/窝，产死胎数降低22.22%。Ariza－Nieto等研究发现，饲粮中添加止痢草提取物可以提高26%的胰岛素样生长因子（IGF－1）和10%的γ，δ－T淋巴细胞的水平。侯晓礁等研究了添加黄芪多糖粉对母猪的影响，结果表明黄芪多糖粉能有效提高妊娠后期母猪的生产性能，改善出生仔猪的健康水平，能够有效预防妊娠母猪的各种繁殖障碍和疾病，窝均产仔数、窝均活仔数和窝均活仔重均高于对照组；弱仔率、死胎率、木乃伊率和畸形率分别比对照组降低3.53%、1.03%、0.35%和0.32%。孙明梅等指出，在哺乳母猪基础日粮中添加植物提取物能明显改善哺乳母猪的泌乳性能，提高哺乳仔猪的生长性能，降低哺乳仔猪的腹泻率及死亡率。由此可见，植物提取物在母猪生产中的作用效果也相当显著，可以起到抗菌促生长的作用。

（三）植物提取物在猪生产中的应用前景

由于传统的抗生素类药物存在耐药性、药物残留等问题，抗生素作为促生长剂在猪生产中的使用越来越受到限制，因此，研制和开发新型抗生素替代品在促进无抗产品的发展、保证人们的身体健康、增强畜产品的市场竞争力上具有极其重要的意义。研究表明，植物提取物在维持猪肠道微生物菌群健康、提高增重和采食量、改善动物免疫性能等方面具有显著的作用效果，在某种程度上可以替代部分抗生素起到促生长作用，此外，植物提取物在动物机体内几乎无残留、无毒副作用，使得植物提取物具有广泛的应用价值和市场前景。但对于配方师而言，在选择植物提取物时，应该特别注意植物提取物中有效成分的组成及其含量，因为即便是相同的植物提取物，它的活性物质组成、浓度及比例不同，其作用效果也具有极大的差异；其次某些植物提取物容易挥发，在选择使用时应考虑其产品的稳定性，这样能够确保饲料品质不受其影响，如果在颗粒饲料中使用，同时还应考虑产品的耐高温性能，防止饲料制粒过程中高温对其活性成分的影响。总之，在猪生产中选择使用植物提取物时，应该全面考虑其产品的特性，只有合理选择和使用植物提取物，才能发挥其特殊功效，为动物生产者带来效益。

八、大蒜素在畜牧生产中的应用

在饲料中添加一定量的大蒜素可提高猪的抗病力、日增质量和饲料转化率，从而提高经济效益。李焕友等报道，猪采食大蒜素后，肠道中的有害菌减少，从而可提高猪的健康水平。用三元杂交仔猪做试验，饲料中添加大蒜素后，日增质量提高 2.2%，饲料利用率提高 11.7%，仔猪腹泻率降到 0.34%；在生长育肥猪中添加 5%的大蒜素，猪的日增质量提高超过 5%。黄瑞华等在断奶仔猪日粮中添加 25%的大蒜素 200 g/t，结果与对照组相比，试验组日增质量提高 16.5%（$P<0.05$），料重比降低 13%（$P<0.05$）。武书庚等研究认为，大蒜素可改良饲料中一些药物和原料的不适气味，改善饲料的适口性；使猪的胃液分泌增加，增强胃肠蠕动，促进消化道对营养物质的吸收，从而促进猪的生长发育。

九、甜菜碱在养猪生产上的应用

（一）促生长作用

试验发现在基础日粮中添加 600 mg/kg 的甜菜碱喂断奶仔

猪，日增重提高 11.73%，采食量提高 9.39%，料重比降低 2.19%；日粮中添加 1 000 mg/kg 甜菜碱对猪各阶段的生长均有促进作用，对生长猪的效果最为理想，平均日增重提高了 13.2%（$P<0.01$），料重比下降了 7.93%（$P<0.05$）。

（二）改善胴体性状

甜菜碱能够促进肌肉增长和蛋白质增加，促进脂肪代谢和抑制脂肪沉积，从而提高猪胴体瘦肉率，降低背膘厚。在猪生长的不同阶段，甜菜碱影响脂肪代谢的作用机理可能不同。实验表明，添加甜菜碱 0.15%对猪的瘦肉率有提高，背膘厚也有提高，眼肌面积提高了 26.1%。在肉质上也有改善。瘦肉率也提高了 6.46%，背最长肌肌纤维直径提高了 16.3%。

（三）减缓腹泻

腹泻是影响断奶仔猪生长发育的首要因素。有试验表明，添加甜菜碱能提高断奶仔猪采食量和生长速度，这可能是甜菜碱抗腹泻，保护肠道功能的间接体现。

（四）刺激味觉，促使诱食

甜菜碱系季胺型生物碱，它能刺激动物的嗅觉和味觉，促使摄食。

（五）提高动物抗应激能力

甜菜碱提高动物抗应激能力的研究目前还不多，通常认为甜菜碱作为甲基供体促进体内一种兴奋性氨基酸——高半胱氨酸含量降低，从而对动物有镇静作用，有助于抗应激。

（六）保护维生素免受破坏，提高维生素的效价

由于甜菜碱呈中性，具有抗氧化的特性，因此加入饲料中就

会避免维生素，特别是脂溶性维生素 A、维生素 D、维生素 E 在饲料加工或存放过程中效价维生素 K 降低，因而具有防止氧化，促进其在体内的吸收功效。在常温下，以鸡用预混料进行的试验表明，甜菜碱对维生素 K_3 和维生素 B_1 的稳定性有很好的保护作用，对维生素 E 也有一定的保护作用，而且这种效果在温度升高时表现得更为突出。

（七）保护肠道上皮细胞，缓解断奶仔猪应激反应

甜菜碱有类似电解质的特征，在消化道受病原体侵入的状态下，对猪胃肠道上皮细胞有渗透保护作用。据报道，当仔猪腹泻导致胃肠道失水和离子平衡失调时，甜菜碱能有效地防止水分损失，避免腹泻引起的高血钾症，维持和稳定胃肠道环境的离子平衡和微生物区系，使受断奶应激的仔猪胃肠道内微生物区系中有益菌占主导地位，有害菌不会大量繁殖，缓解断奶仔猪消化分泌量的减少或活性降低等弊端，利于内源性消化的分泌和胃肠内消化活性的稳定，促进十二指肠绒毛的生长和发育，从而改善断奶仔猪消化机能，提高饲料中养分的消化与利用，增加采食量，显著降低腹泻，促进断奶仔猪快速生长。

十、蒙脱石在养猪生产中的应用

（一）治疗断奶仔猪腹泻

在养猪生产过程中断奶仔猪腹泻的问题相当普遍，一般在20%～30%。通常情况下断奶后 3～5 天的腹泻率为 0.6%，而8～13天腹泻就变得严重，腹泻率达 32%。该病造成的死亡率可达 10%～20%，即使病愈其生长发育也会受到严重影响，推迟出栏时间，给养殖户带来巨大的经济损失。

引起仔猪腹泻的原因非常复杂，主要有：①致病性大肠杆菌引起的腹泻；②仔猪断奶后母源抗体急剧下降，造成抵抗力下

降；③仔猪的消化机能不健全，高植物蛋白的饲料引起胃肠道机能紊乱；④断奶后的应激，尤其是环境应激，如温差超过 10 ℃时腹泻率就会增加 25%～30%，湿度过高也会增加腹泻的次数；⑤饲喂方式不当，如过度限饲或过度饲喂会引起饥饿性和过食性腹泻；⑥肠道发生的免疫反应。

蒙脱石养猪好处很多，内服可抗腹泻，添加饲料中可防饲料霉变，外用可防皮肤真菌，无毒副作用并具有“中药成分西药效果”的特点。

（二）在母猪生产和仔猪护理上的应用

蒙脱石对动物皮肤黏膜、消化呼吸系统及眼部无毒、无害、无刺激性，环保天然，可方便地施用于猪的垫料中。可大量吸附室内氨等有害气体，保持环境干燥，抑制细菌繁殖并有助于防御呼吸道疾病和治疗断奶仔猪腹泻综合征。其天然配方可以减少硝酸盐和磷酸盐的流失，改善养殖场的卫生状况和养殖环境。对细菌、病毒、真菌、原生微生物和寄生虫具有强有力的杀灭作用，同时能够吸附养殖场所内的大量异味和氨气等，能够预防疾病和改善动物福利保持良好的健康状况。在配种和分娩前后的几天，用纳米蒙脱石涂抹在母猪的外阴部，可用于抑菌并减少母猪疾病的发生。蒙脱石还可以在动物养殖场所用于幼仔护理。将刚出生的仔猪用干布抹除胎衣后，取纳米蒙脱石均匀在猪体涂抹一层，尤其是涂抹在脐带部位，可以有效地保持仔猪体温，使之在短时间内站立行走早吃初乳。并可使脐带迅速干燥在 12 天内愈合，从而降低细菌进入体内繁殖的可能。在去势、断尾后用蒙脱石直接涂于伤口，可有效地消毒、止血，从而为仔猪成长提供最佳的外在环境。在断奶后 7～10 天内，每天在饲槽前撒 1 次蒙脱石，可有效地降低应激反应。在猪只出栏时，提前 3 天服用蒙脱石，可减少捕抓中因惊吓而造成的应激反应，也可减少运输中的应激排便等。

第二节 天然活性物质在反刍动物生产中的应用

一、纤维素酶在反刍动物饲料中的应用

（一）纤维素酶的作用机制

1. 提高营养物质的消化吸收 纤维素酶除可以分解纤维素、半纤维素之外，还可以促进植物细胞壁的溶解，使更多的植物细胞内容物溶解出来，并能将不易消化的大分子多糖、蛋白质和脂类降解成小分子物质，有利于动物胃肠道的消化吸收。

2. 补充内源酶的不足 纤维素酶可以激活内源酶的分泌，补充内源酶的不足，并对内源酶进行调整，保证动物正常的消化吸收功能，起到防病、促生长的作用。

3. 消除抗营养因子的影响 半纤维素和果胶等部分溶于水后会产生黏性溶液，增加消化物的黏稠度，对内源酶造成障碍，而添加纤维素酶可降低黏稠度，增加内源酶的扩散，提高酶与养分的接触面积，促进饲料消化，从而促进动物健康生长。

4. 纤维素酶系的协同作用 纤维素酶制剂是一种由蛋白酶、淀粉酶、果胶酶和纤维素酶等组成的多酶复合物，在这种多酶复合体系中，一种酶的产物可以成为另一种酶的底物，从而使消化道内的消化作用得以顺利进行。即纤维素酶除直接降解纤维素、促进其分解为易被动物消化吸收的低分子化合物外，还和其他酶共同作用，提高奶牛对饲料营养物质的分解和消化。

（二）纤维素酶在反刍动物饲料中的应用效果

1. 提高青贮饲料的品质 青贮是通过有益微生物的增殖，将原料中的发酵底物（可溶性糖）转化成乳酸等酸类物质，创造酸性环境，抑制有害微生物增殖，从而保存原料营养成分的过

程。研究表明，在青贮过程中添加纤维素酶制剂，通过纤维素酶对植物细胞壁的分解，促进乳酸发酵，降低青贮饲料中性洗涤纤维和酸性洗涤纤维含量，提高青贮饲料的消化率。

孙娟娟等（2007）报道纤维素酶能显著降低牧草青贮饲料的pH，提高乳酸含量（$P<0.05$）。陈娥英等（2007）在象草青贮中添加绿汁发酵液与纤维素酶的复合物，可降低青贮的pH和氨态氮，提高干物质的回收率和粗蛋白含量，有利于提高青贮品质。薛艳林等（2007）的研究结果表明，在小麦秸黄贮饲料中添加纤维素酶能够显著降低小麦秸青贮饲料的pH、氨态氮、中性洗涤纤维和酸性洗涤纤维含量（$P<0.05$），同时显著提高乳酸、总酸和粗蛋白含量（$P<0.05$）。

Sheperd等（1995）在青贮紫花苜蓿时添加纤维素酶和乳酸菌，结果发现：中性洗涤纤维和酸性洗涤纤维的含量显著降低（$P<0.05$），同时也显著降低了pH（$P<0.05$），而且在发酵完成后，由于酶解作用仍在进行，因此糖含量仍在继续增加。

2. 增加日增重，改善饲料消化率　日粮中添加纤维素酶，可以提高饲料消化率和利用率，增加动物对营养物质的吸收。邓玉英等（2010）报道，断奶羔羊日粮中添加0.5%纤维素酶，与对照组相比，试验平均日增重提高4.22%，料重比降低5.20%，并且腹泻率也明显减少。王平等（2008）报道，添加纤维素复合酶对育肥绵羊生长有显著的促进作用，可提高日增重43.98%（$P<0.01$），降低料重比30.55%（$P<0.01$）。祁宏伟等（2000）研究表明，基础日粮中添加0.2%的复合纤维素酶，阉牛的日增重效果最好。其原因可能是适当地补充了牛瘤胃中内源酶的不足，从而改善了消化道环境及动物体生理机能，提高了动物对粗纤维及其他养分的消化吸收，促进畜体更好地生长发育。Knownlton等（2002）也有类似报道。李晓东等（2007）研究发现，低蛋白日粮加入0.2%复合纤维素酶制剂有提高粗纤维消化率的趋势（$P>0.05$）；而低日粮能量水平添加加酶制剂，可以显著提高（$P<0.05$）粗脂肪的消化率、钙的吸收率。

另外，纤维素酶的另一种添加方式为体外酶解法，即把纤维素酶与秸秆或其他粗饲料拌匀后，在一定的温度、湿度和 pH 下堆积或密封发酵一定时间后，晾干或直接饲喂动物。金加明等（2007）报道，使用纤维素酶酶解的小麦秸秆饲喂小尾寒羊，每只试验羊平均日增重 148 g，比对照组提高 68.2%（$P<0.05$）；盈利 56.1 元，比对照组高 32.7 元，经济效益提高 139.7%。姜桂侠和薛白（2007）采用两种方法，分别将 5 g 纤维素酶制剂加到精料中和喷洒在麦秸秆草上，研究其对牦牛的应用效果。结果表明：两个试验组均显著提高了干物质的消化率和平均日增重（$P<0.05$），分别比对照组提高了 4.57%、6.18%和 42.85%、35.71%，但两个试验组差异不显著（$P>0.05$）。

3. 增加反刍动物产奶量，改善奶品质 大量研究表明，将纤维素酶添加到粗饲料、谷物或精料中，可以提高反刍动物的产奶量，改善奶品质。王照忠等（2007）在奶牛日粮中添加 1%的纤维素复合酶，试验组平均乳脂率较对照组提高了 1.03 个百分点，提高了 22.1%（$P<0.01$）。马双青等（2008）的试验结果表明：奶牛日粮中添加占精料量 1%的复合纤维素酶制剂，可显著提高产奶量（$P<0.05$）；乳脂率略有提高，但无明显差异。周利芬等（2006）报道，荷斯坦奶牛日粮中添加不同剂量的纤维素酶制剂，结果发现：试验组平均日产奶量分别比对照组提高 1.05 kg（5.73%）、0.88 kg（4.84%）、0.66 kg（3.62%）、0.51 kg（2.81%），但差异均不显著（$P>0.05$），其中 50 g/t 的纤维素酶 A 效果最好。呼和等（2001）在奶牛日粮中添加 0.1%以纤维素酶为主的复合酶，奶牛产奶量比试验组平均提高 2.5 kg，提高 9.47%（$P<0.05$），试验组的乳脂率、乳蛋白、乳糖、乳中干物质并不随产奶量的增加而下降，而略有提高或保持不变，且经济效益显著提高。刘建昌等（2001）在荷斯坦奶牛的配合精料中添加 0.1%的纤维素酶制剂，经过 60 天试验后发

现，试验牛日均产奶量提高了14.89%（$P<0.05$），试验组每头牛每日多收入5.41元。尹清强等（1991）报道，奶牛日粮加入50 g/（头·天）纤维素酶后，可以提高产奶量8.30%，每kg产奶量的饲料消耗下降10.0%，其经济效益非常明显。

4. 改善瘤胃发酵功能　关于纤维素酶对瘤胃发酵功能的研究，目前报道较少。井长伟等（2006）在装有永久性瘤胃瘘管的小尾寒羊日粮中添加不同剂量的嗜热毛壳菌纤维素酶，研究其对瘤胃发酵功能的影响。结果表明：各组试验瘤胃乙酸、丙酸及总VFA浓度的变化规律基本相同，即喂料后逐渐上升，其中乙酸和总VFA浓度在2h后达到最高点，丙酸浓度在4h达到最高点，随后平稳下降，于饲喂前降至最低点，再次采食后又重复出现此规律。其中0.6%水平组在08:00、09:00、14:00、17:00、20:00、21:00和23:00的乙酸和总VFA产量显著或极显著高于对照组（$P<0.05$或$P<0.01$）；并且0.6%纤维素酶制剂在10:00和23:00同对照组相比显著降低了瘤胃pH（$P<0.05$）；尹清强和陈树兴（1998）研究结果表明，30 g/（天·只）纤维素酶可明显地提高绵羊瘤胃液中蛋白酶和CMC酶活力，并提高乙酸、丙酸和丁酸的产量（$P>0.05$）。

目前，纤维素酶的研究已引起国内外学术界的广泛关注，涉及领域不仅包括饲料行业，还有食品、纺织、生物能源开发等行业。因此，纤维素酶作为一种高效、安全的生物催化剂，它的应用前景是非常广阔的。但是，饲料行业中纤维素酶仍然存在菌种产量低、成本高、易失活、添加量和添加方式不明确等一系列问题。今后必须对上述问题进行进一步研究和探讨，加速纤维素酶的生产和实际应用，保证其应用效果，从而促进反刍动物饲养业的健康发展。

二、丝兰提取物在畜禽生产中的应用研究

丝兰皂苷的添加因反刍动物日粮类型的不同，对动物的生产

性能会有不同的影响。据报道在绵羊果叶青贮日粮中添加60 mg/kg的丝兰皂苷，沉积氮为每千克代谢体重每天增加0.07 g；在绵羊首食青贮日粮中添加60 mg/kg 的丝兰皂苷，沉积氮为每千克代谢体重每天增加0.03 g，沉积净能为每千克代谢体重每天增加11.5kJ。

美国科罗拉多大学的研究人员研究了丝兰提取物对牛瘤胃中发酵的影响，结果指出，丝兰提取物可提高牛瘤胃中固形物的消化率和丙酸的生成率，在含70%浓缩饲料的肉牛日粮中，每吨添加100 g 的丝兰提取物对肉牛的发育有良好的促进作用。

丝兰属植物提取物具有减少动物氨气排放、调节肠道微环境、增强畜禽肠道有益菌群的数量、改善营养物质的吸收及提高动物免疫力等多种功效，是一种绿色安全的天然植物性饲料添加剂产品，开发潜力很大，更多的产品和进一步的作用机制有待诸多科研工作者研发。

三、微生物发酵中草药在动物生产中的应用

中草药饲料添加剂具有低毒性、无抗药性、多功能性等优点，且已在畜牧生产中得到广泛应用。而微生物在中草药发酵过程中发挥着强大的分解转化能力，并能产生丰富的次生代谢产物，可大幅提高中草药中活性成分的含量，提高疗效，降低毒副作用。

大量的研究表明，中草药不仅可以提高奶牛的生产性能，使生产出来的畜产品符合绿色食品的要求，而且具有提高奶牛免疫力，增强体质的功效。谢慧胜等通过试验研究表明，由党参、当归、黄芪等10味中草药制成的“增乳散”对奶牛增乳保健效果显著。王力生等采用王不留行、黄芪、当归、党参、路路通、红花等多种中草药组方饲喂泌乳牛，研究中草药对奶牛生产性能及牛奶品质的影响。结果表明，添加中草药的试验组产奶量分别比对照组提高1.88 kg和1.22 kg（$P<0.01$）。

中草药饲喂反刍动物后，经过瘤胃或盲肠中的微生物发酵，能使中草药的有效成分最大限度地释放，将原来不易消化吸收的大分子物质分解成小分子物质，利于肠黏膜的吸收，使血液中的有效成分迅速达到有效浓度，还能利用微生物发酵过程中产生的代谢产物促进动物生长。如果某些中草药在鸡、鼠等单胃动物上应用效果不明显，而在牛、羊等反刍动物上效果显著，则可考虑是否因微生物的存在引起了中草药的发酵，再模拟反刍动物瘤胃内的微生物环境，来进行体外发酵的研究。因此，我们可以借鉴中草药在反刍动物上的应用效果来进行发酵中草药的研究。

随着人们生活水平的不断提高，回归自然、崇尚绿色已成为人们生活消费的主流。就畜产品而言，数量已不再是人们生活追求的首要问题，而产品的质量、安全则成了人们选择的关键。利用微生物发酵中草药不仅可以提高中草药药效，降低用量，扩大使用范围，还可以帮助动物消化，促进生长。因此，发酵中草药在我国畜牧生产上发挥“量少、高效、安全”的优势，对我国发展无公害畜牧业，生产绿色畜产品，增强我国畜产品在国际市场上的竞争力具有重要作用。虽然利用微生物发酵中草药有诸多好处，但微生物在发酵中草药过程中产生新的次生活性物质的成分、含量及其作用机制等均不清楚，尚须进一步研究。

四、中草药在肉牛养殖业中的应用

（一）中草药添加剂在肉牛增重和育肥上的应用

中草药添加剂作为天然物质，可避免肉牛饲养中因采用抗生素、化学合成剂等形成的残留。据研究，一些中草药含有的生物碱、生物类黄酮、色素等有效活性成分具有调节免疫力、促进生长的作用。如用山楂、神曲、麦芽、谷芽、白术、厚朴、肉桂、砂仁、枳壳等中草药组成的中草药添加剂具有健脾开胃、增进食欲、促进消化的功效；又如用神曲、麦芽、莱菔子、使君子、贯众、苍术、当归、甘草等中草药组成的中草药添加剂，加入微量元素和人工盐等能显著提高肉牛的育肥效果；再如用山楂、当归、党参、白术、黄芪、王不留行、通草等组成的中草药添加剂对泌乳母牛进行饲喂，不仅可显著提高泌乳母牛的产奶量，增加哺乳犊牛的体重，降低犊牛腹泻的发生率，而且可有效地减少母牛乳房炎的发生率。

（二）中草药在肉牛疾病防治上的应用

1. 预防和治疗肉牛消化系统疾病 神曲、麦芽、山楂、厚朴、枳壳、陈皮、青皮、苍术、甘草等中草药组成的中草药方剂具有理气、行滞、消坚、促进反刍动物胃肠活动的功效，可用于预防和治疗肉牛前胃弛缓、瘤胃积食、瘤胃臌气等消化系统疾病；用黄芩、陈皮、青皮、槟榔、六神曲等中草药组成的中草药方剂具有理气消食，清热通便的功效，可用于治疗肉牛消化不良、食欲减退、便秘等病症；用玄明粉、石膏、滑石、山楂、麦芽、六神曲等中草药组成的中草药方剂具有舒张四胃幽门括约肌，迅速排空四胃，使位置变化的四胃回到原来位置的作用，对肉牛四胃积食、臌气、积液、溃疡等疗效显著。

2. 预防和治疗肉牛呼吸系统疾病 用金银花、连翘、荆芥穗、薄荷、淡豆豉、芦根等中草药组成的中草药方剂具有疏散风热，清热解毒的功效，可用于预防和治疗肉牛风热感冒；用羚羊角、金银花、连翘、薄荷、淡竹叶、甘草等中草药组成的中草药方剂具有辛凉透表，清热解毒的功效，可用于肉牛重症风热感冒的治疗；用葛根、柴胡、羌活、黄芩、大青叶、赤芍、天花粉等中草药组成的中草药方剂具有清瘟解毒，发散表邪的功效，可用于预防和治疗肉牛流行性病毒性感冒；桂枝、白芍、炙甘草、生姜、红枣等中草药组成的中草药方剂或用荆芥、防风、桑叶、豆豉、羌独活、前胡、陈皮、薄荷、鲜姜、杏仁、苏叶、焦枳壳等中草药组成的中草药方剂具有辛温解表，宣肺散寒的功效，可用于预防和治疗肉牛风寒感冒。

3. 预防和治疗母牛乳房炎　用蒲公英、金银花、连翘、浙贝母、大青叶、瓜蒌、当归、王不留行等中草药组成的中草药方剂具有清热解毒、消痈散结的功效，可用于预防和治疗母牛乳房炎；用天花粉、青半夏、王不留行、香附、肉桂、蒲公英、甲珠等中草药组成的中草药方剂具有舒肝解郁、通络散结的功效，对母牛乳肿等有显著效果。

4. 治疗母牛不孕症，提高母牛的繁殖力　用益母草、当归、川芎、桃仁、甘草等中草药组成的中草药方剂具有活血祛瘀，温经止痛的功效，该方剂可治疗母牛气血不足、产后胎衣滞留、恶露不尽、不孕、低热、产后子宫炎等疾病；用板蓝根、黄芪、淫羊藿、益母草等中草药组成的中草药方剂具有扶正祛邪，清热解毒的功效，该方剂可用于母牛胎衣不下、恶露不净和产后感染的治疗；用淫羊藿、阳起石、当归、香附、益母草、菟丝子等中草药组成的中药方剂（催情散）具有补肾强精、壮阳催情、调节母畜生殖机能的功能，并具有促进母畜排卵和子宫康复的功效，该方剂可用于母牛产后不发情或发情症状不明显的治疗。母牛在内服催情散的同时，配合对症使用生殖激素和营养添加剂，则治疗效果更好；用党参、白术、甘草、当归、黄芪等中草药组成的中药方剂具有补肾益气，扶元固肾，补脾健胃的功能，该方剂可用于母牛因肾亏、久病、消化不良、年老多产等导致的气虚劳伤、气血不调、脱肛、子宫脱垂等病症的治疗，也适用于母牛不孕、体虚盗汗、消化不良、长期瘦弱等疾病的治疗。

5. 预防肉牛夏季热应激综合征　肉牛育肥养殖中，将石膏、板蓝根等中草药组成的中药添加剂按一定比例添加于饲料中饲喂，具有预防肉牛夏季热应激综合征的作用。

6. 预防和治疗肉牛体内寄生虫病　用槟榔、贯众、使君子等中草药组成的添加剂喂肉牛，具有预防和治疗肉牛绦虫、蛔虫、肝片吸虫等体内寄生虫病的效果。

五、中草药饲料添加剂在牛羊生产中的应用

（一）提高肉用生产性能，增加产奶量

中草药中含有多种有效活性成分，它们起着调节免疫、促进生长的作用，中草药添加剂可以提高肉牛的日增重和乳牛的产奶量。刘春龙等报道，每日每头添加 100 g 中草药添加剂（由神曲、麦芽、莱菔子、使君子、贯众、苍术、当归、甘草等组成），试验组肉牛每头日增重达 1.5 kg，比对照组提高 72.41%，经济效益明显。刘强等添加中草药（山楂、当归、王不留行等 7 味中草药）显著提高奶牛产奶量 2.57 kg/（头·天），降低奶牛失重 8%，对乳脂、乳蛋白、乳糖和乳干物质含量无显著影响。张庆茹等饲喂试验表明，中草药饲料添加剂（党参、白术、黄芪、当归等）可以显著提高奶牛产乳量，对奶牛乳成分无显著影响。中草药添加剂也可以促进羔羊生长，增强奶山羊的泌乳性能和免疫力，提高绵羊产毛量。王志武在羊的日粮配合精料中添加中草药添加剂“羊壮宝”，饲喂 7 月龄的萨福克羔羊，研究其对羔羊增重性能的影响。经过 4 天的饲养试验结果表明：添加“羊壮宝”的试验组与未加添加剂的对照组相比差异显著，试验组羔羊的日增重提高了 92%，试验组每只羊比对照组羊只每天多收入 1.57 元。

（二）防治牛羊疾病

奶牛乳房炎和产科疾病（胎衣不下、子宫内膜炎）是对奶牛业威胁最大的疾病，兽医的常规治疗都是将青霉素、磺胺等作为首选药，然而病菌的抗药性和药物在牛奶中很容易残留。周圻等将 CMT 检验为隐性乳腺炎阳性的泌乳中期奶牛连续饲喂中草药添加剂 4 天后发现，复方中草药添加剂不仅对奶牛隐性乳腺炎有

一定的疗效，对产奶量和牛乳品质也有提高作用，且牛乳中无药物残留。麻延峰等研究发现，在奶牛的日粮中适当添加一定量的中草药添加剂，可以提高奶牛的产奶量 12.88%，有效减少奶牛乳房炎的发病率，并发现在日粮中添加复方中草药添加剂比单方中草药添加剂效果更显著。羊腹泻是一种常见病症，主要原因是病原微生物感染和消化系统机能紊乱而致，有人曾采用杨树花、叶、皮治疗羊腹泻症，收效很好。叶学中报道，用槟榔、贯众、使君子等 8 味中草药作为添加剂来预防和治疗羊的绦虫、蛔虫、肝片吸虫等体内寄生虫都取得了一定的效果。

（三）增强抗应激能力

研究表明，很多中草药添加剂有缓解应激的作用。谷新利等试验研究发现，由王不留行、路路通、川芎、通草等 14 味中草药组成的中药增乳散具有一定的抗热应激作用。吴德峰等报道用石膏、板蓝根、黄芩、苍术、白芍、黄芪、党参、淡竹叶、甘草等中草药按一定比例配制成的中草药添加剂具抗热应激的作用，能使每头牛每日产奶量增加 1.5 kg，并显著提高奶牛的血糖浓度。而余德谦用甘草和板蓝根作为添加剂来预防奶牛夏季综合征也取得了较好的效果。孙齐英在荷斯坦奶牛的基础日粮中添加中草药添加剂，结果表明，与对照组相比，试验组奶牛的产乳量提高了 46.3%，乳脂率提高了 8.8%，无个体因中暑死亡，试验组经济效益比对照组高出 83.7%。

（四）增强繁殖性能，提高产品品质

中草药中的某些成分可促使动物卵泡发育和精子产生，提高繁殖机能。付明哲等报道中草药制剂对布尔山羊公羊的射精量和精子活力均有显著提高，畸形精子比率明显下降。中草药饲料添加剂可使肉牛减少营养物质的消耗，促进营养物质的代谢和合成，提高增重，改善牛肉品质。

六、蒙脱石在反刍动物生产中的应用

近年来，随着饲料工业的迅速发展，黄曲霉毒素对饲料的污染问题已日渐严重，甚至破坏生态平衡，直接威胁到人类的健康。为此人们致力于开发新型脱霉剂来减缓这一现象，现在市场上销售的大部分脱霉剂的主要成分都是蒙脱石（MMT）。蒙脱石已经作为一种新型添加剂而广泛用于动物日粮中来提高饲料品质，进而提高动物生产性能。从化学和矿物学的角度来看，蒙脱石经物理化学方法改性、加工纳米化后，具有更大比表面积，可大幅度提高吸附能力。蒙脱石分为天然蒙脱石和改性蒙脱石，改性蒙脱石比天然蒙脱石具有更强大的功能，成为畜牧生产中研究的热点，如纳米蒙脱石（MN）、载铜纳米蒙脱石（Cu-MMT）、载钠纳米蒙脱石（Na-MMT）、载钙纳米蒙脱石（Ca-MMT）等。

（一）脱霉菌毒素

在反刍动物上，已有研究结果表明，蒙脱石能提高动物生长性能，提高饲料利用率，减少肠道微生物的定植和减缓黄曲霉毒素的影响。黄曲霉和寄生曲霉产生的黄曲霉毒素 B_1（AFB_1），是目前已知最强的肝毒素，有致癌、致畸形和致突变作用。蒙脱石能有效地阻止动物肠壁对 AFB_1 的吸收，因而可以减轻日粮中 AFB_1 对人畜的毒性。

（二）治疗腹泻

在畜禽生产中，幼龄动物往往会发生腹泻，尤其在刚出生10～20天腹泻较为严重。蒙脱石能有效改善胃肠道黏膜，起到很好的修复作用。在断奶后7～10天内，每天在饲槽前撒1次蒙脱石，可有效地降低应激反应。胡彩虹等（2006）研究结果表明，蒙脱石可有效阻断病原菌黏附，从而防治肠道细菌感染和细菌移位，维持肠道健康及其功能的正常发挥，进而可以预防和治疗腹泻的发生。

（三）抑菌蒙脱石对细菌有较强的杀菌作用

马玉龙等（2007）报道证明了 Cu－MMT 对细菌有较强的杀灭活性，与细菌发生吸附作用，使细菌细胞膜形态和通透性改变导致细胞内容物外泄而死亡。Cu－MMT 对大肠杆菌的抗菌效能，是与静电吸附和铜离子的杀菌能力协同作用的综合结果。蒙脱石不仅能对大肠杆菌有杀菌功能，对金黄色葡萄球菌、霍乱弧菌、空肠弯曲菌、轮状病毒及胆盐都有较好的吸附作用（韩秀山等，2007）。蒙脱石还能阻断细菌黏附细胞的作用。蒙脱石吸附肠道内的有害菌群。由于具有特殊的表面结构，可以通过静电的相互作用把细菌吸附在其表面。胡秀荣等（2002）、夏枚生等（2006）研究了天然蒙脱石对大肠杆菌和金黄色葡萄球菌相互作用，表明天然的蒙脱石并无抑菌或杀菌作用，只有吸附作用，但是可以用其他具有抑菌或杀菌作用的阳离子交换到蒙脱石层间，就会具有抑菌或杀菌的双重功能。

（四）提高动物生产性能

蒙脱石能有效地吸附饲料中的黄曲霉毒素、重金属和抑菌等作用，进而促进畜禽生长，提高饲料利用率。蒙脱石能提高羊的日增重和羊毛生长，减少瘤胃内氨的浓度（Fenn 等，1989，1990；Cobon 等，1992）。Huntington 等（1977）研究结果表明，添加 4%和 8%水平的膨润土能提高羊的日增重和饲料转化率，但是在后期处理组之间差异不显著。Walz 等（1998）在羔羊日粮中添加 0.75%膨润土能提高干物质采食量、平均日增重和血浆中尿素氮的浓度。林嘉等（2005）研究结果表明，日粮中添加 4%钠基膨润土的山羊其平均日增重显著提高（$P<0.05$），并提高了饲料转化率，获得了可观的经济效益，与 Walz 等

(1998) 报道一致。Dunn 等 (1979) 研究结果表明，添加 2%的钠基膨润土可以提高肉牛的生长性能。姬祥柱等 (1992) 用膨润土饲喂黄牛表明在日粮中添加 50～100 g 膨润土，不仅可以提高育肥黄牛的增重效果，且可以提高饲料转化率，降低饲料成本，以添加 100 g 膨润土为好。蒙脱石能提高奶牛产奶量，增加经济效益。孙茂红等 (2000) 在荷斯坦乳牛精料中每日添加 240 g 纤维素酶、膨润土、尿素复合物制剂，能起到显著的增奶效果，而对乳脂率、乳密度无影响，且复合物制剂的效果比单一饲喂的效果要好。这可能是纤维素酶能加速分解瘤胃内的粗纤维，进而提高粗饲料消化率，而膨润土中的蒙脱石里含有大量的矿物质元素，是动物生长必不可少的，尿素作为一种氮源，补充瘤胃内蛋白，这种复合制剂可带来了很大的经济效益，将是以后的重点发展方向。

第五章

天然活性物质在其他动物上的应用

一、纤维素酶在饲料中的应用

常见的畜禽饲料如谷物、豆类、麦类及加工副产品等都含有大量的纤维素。除了反刍动物借助瘤胃微生物可以利用一部分外，其他动物如猪、鸡等单胃动物则不能利用纤维素。

（一）牛日粮

阉牛试验，在日粮中按每头每日添加纤维素酶 40 g，饲喂 60 天，结果表明加酶组日增重 892.78 g，对照组日增重 746.8 g，差异极显著（$P<0.01$）。用 30 头荷斯坦奶牛进行试验，试验组按每头每日添加 50 g 纤维素酶，结果表明，试验组 15 头奶牛 68 天总产奶量为 2 916 kg，而对照组 15 头奶牛 68 天的总产奶量为 2 689 kg，差异显著（$P<0.05$）。付连胜等（1998）报道，在瘤胃功能正常状态下，成年奶牛及育成牛饲喂纤维素酶 5 天后，其粪便干物质和饲喂前相比，减少 30%，一周后，封闭式牛舍氨含量下降 70%，粗饲料采食量提高 8%～10%，尿中尿素下降 58.9%，怀孕奶牛在产前 30 天始饲喂纤维素酶，分娩后，不产生生理性消化不良症状，胎儿体重可增加 1.5～3 kg，并无畸形和弱胎。产牛体质恢复快，产奶高峰维持时间长（1～4 个泌乳月）。

（二）鸡日粮

肉鸡日粮一般以高鱼粉、高玉米、高豆粕为主。为减少这些常规原料的使用量，广泛采用廉价的饲料原料。据试验：在肉鸡日粮中提高富含纤维的麦麸比例，添加0、0.05%、0.1%纤维素酶制剂进行试验，结果表明，添加0.1%纤维素酶组比对照组在1～2周、3～6周、7～8周三个生长阶段日增重分别提高4.31%、4.54%、4.13%，耗料比分别下降1.56%、4.50%、4.3%。另实验：在蛋鸡日粮中添加0.1%、0.15%、0.5%纤维素酶，结果表明，在1～10月的产蛋期间，产蛋率分别提高0.53%、1.25%、2.88%，酶水平0.15%和0.5%组的破蛋率降低34.49%、16.19%，蛋壳强度分别提高14.71%和8.41%。

（三）猪日粮

据报道，在基础日粮中添加0.6%和1.2%纤维素复合酶，结果生长育肥猪增重比对照组分别提高16.84%和21.86%。Wank等（1993）报道，添加纤维素酶，使中性洗涤纤维消化率由30.3%提高到34.1%，酸性洗涤纤维消化率从68.8%提高到73.9%，能量消化率由69.3%提高到71.8%。

二、益生菌在动物饲养中的应用

（一）益生菌在发酵床上的应用

该菌在垫料中形成强有力的优势菌群，抑制和消灭致病菌群，使养殖业原来臭气熏天，苍蝇满天飞现象得以改善，使畜牧生产更加生态环保。垫料配比：发酵床铺设分三层，最下面一层用稻草，中间用整株玉米秸秆，最上面有粉碎的玉米秸秆，每层厚度约20～30 cm，每铺设一层均匀喷洒上用水稀释过的益加益发酵床菌液，稀释比例是1∶200，最后湿度控制在40%～50%。

粪便在发酵床上一般只需3天就会被微生物分解，粪便给微生物提供了丰富营养，促使有益菌不断繁殖，形成菌体蛋白，羊吃了这些菌体蛋白不但补充了营养，还能提高免疫力。另外，由于羊的饲料和饮水中也配套添加微生态制剂，在胃肠道内存在大量有益菌，这些有益菌中的一些纤维素酶、半纤维素酶类能够分解秸秆中纤维素、半纤维素等，采用这种方法养殖，可以增加粗饲料的比例，减少精料用量，从而降低饲养成本。加之羊生活环境舒适，生长速度快，一般可提前10天长成。

（二）在犬猫动物上的应用

用益生菌活性液稀释100～200倍喷洒身体，每日1次，可除异味，预防皮肤病；在喂食时按1 kg食料加入20 ml益生菌活性液，可减轻粪尿臭味，预防疾病。

（三）在水产养殖上的应用

1. 池塘处理　池塘注水前1周，用100～300倍的EM菌原液稀释液和EM菌原液制作的防虫液代替石灰、漂白粉等均匀喷洒，消毒和净化池塘。2.5 kg EM益生菌菌液/亩*。

2. 水质净化　在放养前3～10天，用EM菌原液稀释液泼洒水面。视水质情况，开始15天1次，以后为1个月1次，水质较差的地方，适当缩短泼洒时间，为了均匀喷施，先将EM菌原液稀释后使用（下雨时喷洒效果最佳）。1.5 m以下1 kg菌液/亩。

3. 鱼饲料的处理　由于鱼饲料为颗粒状，可用50～200倍的EM菌原液稀释液喷洒饵料，喷湿为度，马上投喂，以免散开。

4. 有机肥和粪便的处理　要投入水体的有机肥（青草液肥）和粪便应先用EM菌原液处理，5 kg菌液/t粪便。发酵7天后方可投入水面。

---

* 亩为非法定计量单位，15亩=1公顷。

5. 鱼病防治 如出现鱼浮头和泛塘现象，可用 EM 菌原液稀释液均匀泼洒水面，3～5 h 可好转，鱼恢复正常。此后可隔1～2天再泼 1～2 次。个别的真菌性鱼病、细菌性肠炎、烂鳃病、打印病等可将病鱼捞出，用 EM 菌原液 10～50 倍直接涂擦病灶，也可用 EM 菌原液 100～150 倍稀释液浸泡病鱼（直到鱼出现轻微浮头止），几天后即可痊愈。

（1）大型湖泊、水库的网箱养鱼：

① 放养前处理：鱼种放养前应对养殖水面进行清塘，清塘时，用 EM 菌原液制成的防虫液兑水 50～100 倍直接泼洒凶猛性鱼类或野杂鱼的产卵场，破坏其繁殖生长环境，控制其群体数量。

② 用 EM 菌原液发酵饲料饲喂，可参照四大家鱼饲料处理方法。

③ 用海绵等蜂窝状的物体在红糖和 EM 菌原液的混合液（10 倍左右）中浸泡 24 h，再悬挂在网箱中间，通过鱼儿的游动使 EM 菌原液不断地扩散，EM 菌原液悬挂物 7 天左右更换 1 次，可以使网箱的水体环境完全改观。

④ 用 EM 菌原液 1∶EM 菌原液发酵料 2∶黄泥土 4 做成很有黏性的团快，重量为每个 0.5～0.75 kg，晾干后，在投饵料附近采取挂袋、挂篓的方法，使 EM 菌原液有益菌有一个固定居所而提高净化作用，从而改善和稳定水质，此团块一个月更换 1 次。每亩放 10～15 个。

（2）特种水产：

① 环境处理：在池塘放水前 1 周，用 10 倍的 EM 菌原液稀释液和 EM 菌原液制作的防虫液代替石灰及漂白粉等均匀喷洒净化环境。2.5 kg 菌液/亩。

放养前 3～6 天，用 100 倍的 EM 菌原液稀释液泼洒水面（EM 菌原液用量视水质情况，一般 1.5 m 以下 1 kg 菌液/亩），水质较差的地方应适当缩短泼洒时间。水质以绿色为好。

② 调节水质的方法（鳗池）：1 天 2 次高密度换水的水池，就不宜直接均匀泼入，而应泼在增氧机边或进水口，使 EM 菌原液微生物不断流动扩散，以利在最短时间内分解有害物质、下脚料和达到尽快稳定水质。土塘海水养鳗则宜在每次换水后泼洒 EM 菌原液稀释液 1～2 kg 菌液。

③ 鱼饲料的加工：把 EM 菌原液加清水兑成 100 倍稀释液以后，与粉状的饲料一起搅拌均匀，成团状饲喂。水分含量在 40%～55%（水分多少随饲料的干湿程度而定）。

投喂新鲜动物性饲料的甲鱼池，可先把饲喂料绞碎后，与人工配合饲料、EM 菌原液 100 倍稀释液一起搅拌均匀饲喂。

④ 食台处理：每次投饲前要检查食台，用 200～500 倍的 EM 菌原液稀释液净化食台、清扫食台残余饲料。

⑤ 饲料加工处理：用 200～500 倍的 EM 菌原液稀释液均匀喷洒和清洗搅拌机等工具、地面及四周墙壁，以保证饵料卫生。

三、黄芪提取物饲料添加剂在养猪上的应用

据报道，黄芪和首乌等中草药组方粉碎后以 0.4%～0.6%（W/W）的比例添加于饲料中，发现对感冒和肠炎等普通病有显著的预防作用；另报道，用含黄芪的八味中草药配方测仔猪的体质重量增加效果，结果发现黄芪对仔猪生长有促进作用。

陆纲等报道，黄芪多糖注射液对患有鸡新城疫的肉鸡和蛋鸡进行了治疗性试验，结果，黄芪多糖对自然感染鸡新城疫的治愈率达到 88.54%，比空白对照组高 40%，差异极显著，优于鸡新城疫Ⅳ系疫苗紧急接种。黄芪多糖冲剂对 ILTV 和 IBdV 具有较强的抑制作用，两组鸡胚在 120h 各死亡 1 只外，其余均健康存活。从黄芪中提取的黄芪多糖作为干扰素的诱生剂，具有抗病毒、增强免疫功能的作用，对猪圆环病毒病、猪流感、蓝耳病等病毒性疾病的防治，取得了一定的成效。动物免疫 24 h 后，可

用黄芪多糖+氧氟杀星，后者是防止细菌病混感。

四、黄酮类在鹌鹑、鹅饲养中的应用

报道研究3个生产阶段的蛋用鹌鹑，结果表明，35日龄开产期蛋用鹌鹑日粮中添加3 mg/kg大豆黄酮，鹌鹑的产蛋率显著提高。7月龄蛋用鹌鹑日粮中添加3 mg/kg大豆黄酮，可显著提高鹌鹑的产蛋率；而日粮中添加6 mg/kg大豆黄酮则使鹌鹑的产蛋率显著下降。12月龄蛋用鹌鹑日粮中添加6 mg/kg大豆黄酮，鹌鹑的产蛋率提高10.3%；表明日粮中添加一定剂量大豆黄酮能显著增加开产期、高峰期和后期蛋用鹌鹑的产蛋率，并影响其内分泌机能。

在鹅日粮中添加大豆黄酮可以促进仔鹅的生长，提高饲料利用率，提高血液中胰岛素和胰高血糖素水平。据报道在21日龄雄性东北大白鹅日粮中添加3 mg/kg大豆黄酮，结果表明大豆黄酮组外周血液中胰岛素和胰高血糖素分别较对照组升高5.0%。提示大豆黄酮可通过改变机体内某些激素浓度来影响体内的物质代谢。另报道，与对照组相比，基础日粮中添加3 mg/kg大豆黄酮，仔鹅的周增重提高18.7%，料重比显著降低。

五、生物碱的水产动物生产中的应用

甜菜碱是生物碱中的一类，根据甜菜碱具有甜味这一特性用于鱼的诱食剂。

研究表明鱼类摄食除依靠视觉外，尚与嗅觉和味觉有关。尽管水产养殖中投入的人工饵料养分全面，但不足以引起水生动物的食欲。甜菜碱具有独特的甜味和鱼敏感的鲜味，是理想的诱食剂。国外资料报道，在鱼饲料中添加0.5%～1.5%甜菜碱，对所有鱼类及虾等甲壳类动物的嗅觉和味觉，均有强烈的刺激作用，具有诱食力强、改进饲料适口性、缩短采食时间，促进消化吸收、加速鱼虾生长、避免饲料浪费造成水体污染等作用。

甜菜碱通过诱食作用，可以促进鱼虾生长、增强抗病力和免疫力、提高成活率和饲料转化率。据报道，饲喂甜菜碱的虹鳟鱼增重可提高23.5%，饲料系数降低14.01%；大西洋大马哈鱼增重提高31.9%，饲料系数降低20.8%。另一报道：在2月龄鲤鱼配合饲料中添加0.3%～0.5%甜菜碱，日增重提高41%～49%，饵料系数降低14%～24%；饲料中添加0.3%甜菜碱纯品或复配品，能明显促进罗非鱼的生长，并降低饵料系数。在河蟹饵料中添加1.5%甜菜碱，河蟹净增重提高95.3%，成活率提高38%，可获得较快的生长速度和较高的存活率。

六、大黄在水产动物生产中的应用

大黄是目前经常使用的中草药之一。大黄又名锦纹、黄良，别名将军、生军、马蹄黄，隶属蓼科植物，其有效成分为蒽醌衍生物，其中以大黄酸、大黄素及芦荟大黄素的抗菌作用最好。

在治疗草鱼出血病时，每100 kg草鱼用大黄、黄芩、黄柏各0.5 kg，混合煮沸后取汁加0.5 kg食盐，并且趁热混合面粉拌饲料投喂。

大黄具有增强机体抗病力的功效，目前在水产上已有一定的应用或理论研究。据报道，用1%的大黄和黄连拌饵投喂克氏原螯虾和红螯螯虾，均能增强其血细胞的吞噬活性，在克氏原螯虾还显示了对活弧菌攻毒有很好的免疫保护率，说明大黄和黄连可以增强两种螯虾的非特异性免疫功能。

常用方法：

（1）大黄碾成细粉末混入饲料内，每天1次，连用3天，可防治黏细菌病。

（2）每亩鱼池水面可用大黄500 g，放入10 kg氨水或将碳酸氢铵兑成的水中，浸泡12 h，然后取药液全池泼洒，使药液在鱼池水中的浓度，达到3 mg/kg，几天后，即可治愈细菌性烂鳃病。

（3）大黄经 20 倍 0.3%氨水浸泡后，连水带渣全池遍洒，浓度为 2.5～3.7 mg/L，可治疗细菌性烂鳃病、白皮病和白头白嘴病。

（4）六合剂：大黄 300 g、敌敌畏 200 g、漂白粉 500 g、小苏打 300 g、食盐 1 000 g、敌百虫 100 g。100 kg 鱼用六合剂 3 kg，2～3 次/天，3～5 天一个疗程，可防治细菌性肠炎。

（5）治疗病毒性出血病为主的细菌性烂腮和肠炎、赤皮病等并发症鱼病，每万尾鱼种可用研碎的大黄、捣烂的鲜大蒜和食盐各 500 g，拌入到适量的精饲料中投喂，连喂 3～5 天，同样能够治愈。

（6）三黄粉：大黄 50%、黄柏 30%、黄芩 20%。100 kg 鱼用三黄粉 0.5 kg、9.0 kg 麸皮、3 kg 菜饼、0.5 kg 食盐。每 7 天一个疗程，可治疗鱼出血病、胰腺坏死病。100 kg 鱼可用三黄粉（大黄 250 g、黄柏 150 g、黄芩 100 g），加食盐 1 kg，用水和匀，拌入面粉，将其黏在嫩草上晾干，再投入鱼池中喂鱼，连喂 5～7 天，可治愈草鱼病毒性出血病。

（7）100 kg 鱼，每天用 0.5 kg 大黄、黄柏、黄芩、板蓝根（单用或混合用均可），再加 0.5 kg 食盐拌饲投喂，连喂 7 天，可治疗草鱼、青鱼出血病，如再加抗菌药，效果会更好。

（8）每 50 kg 鱼，用大黄 150 g、黄柏 150 g、黄芩 150 g、地榆 100 g 磨成粉末，制成药饵投喂，每天 1 次，连喂 5 天，可治疗草鱼出血病。

（9）另外，大黄等中草药拌饲对传染性胰腺坏死病（IPN）和传染性造血组织坏死病有一定的防治作用。

七、艾叶在养兔及水产动物生产中的应用

艾叶中含有蛋白质、脂肪、多种必需氨基酸、矿物质及丰富的叶绿素和未知生长素，能促进生长，提高饲料利用率，增强家禽的防病和抵抗能力。艾叶粉作为饲料添加剂，在畜禽饲料中添

加量一般为：成年马、牛占精料的1%～2%；兔占精料的0.5%～1.0%；仔猪、中雏鸡占日粮的1.5%；育成猪、大雏鸡占日粮的1.5%～2%；育肥猪、成鸡、种鸡占日粮的2%～2.5%；种猪占日粮的3%～4%；用于蛋、肉增色的占日粮的2.0%。

（一）在养兔生产上的应用

在肉用兔日粮中用20%艾叶粉替代稻壳糠，不仅不影响肉用兔采食量，而且对促进增重、提高饲料报酬和经济效益等均有良好效果。在肉兔饲养中，用40%艾蒿粉代替基础日粮，与对照组相比，肉兔食欲正常，采食快，粪便正常，未出现任何不良反应，不影响肉兔的平均日增重，而且可节省大量饲料。另报道，用艾叶饲喂长毛兔，毛质发光、疏松，产毛量提高27.4%，每只兔每日喂240 g种子成熟期的艾叶，可节约精料30%～45%。用艾叶饲喂肉用仔兔，体重增加较快，连续喂7周，体重可增加16.2%，而且可降低仔兔的发病率，降低幼兔的死亡率。

（二）艾叶在水产动物生产上的应用

试验表明，在饲料中添加0.5%的艾叶粉，可使池塘饲养1龄鲤鱼增长率提高15.39%～22.40%，同塘饲养鲢鱼和鳙鱼生长率也有显著提高，网箱放养1龄鲤，增长率提高14.54%。池塘试验组饵料成本比对照组降低22.95%，网箱试验组饲料成本比对照组降低23.56%。报道说，在网箱饲养的鲤鱼饲料中，添加1.5%的艾叶粉，结果鱼的生长率比对照组提高14.4%，饵料系数下降7.2%，鱼肠炎、烂腮病下降89.7%。

八、大蒜在水产动物生产中的应用

大蒜挥发油有强烈的杀菌作用，大蒜浸出液或大蒜汁对痢疾杆菌、伤寒杆菌、大肠杆菌、葡萄球菌等病原细菌有显著的杀灭作用，大蒜素很早就作为鱼病防治药物使用，主要是使用鲜大蒜防治鱼肠炎病。随着大蒜素提取，使用大蒜素防治鱼病更加方便。大蒜素除了对传统的鱼肠炎、烂鳃、赤皮三种常见鱼病具有很好的治疗效果外，对鱼暴发性出血病也有很好的治疗效果。民间常用配方有：

（1）万尾鱼种，用大蒜 0.25 kg、喜旱莲子草 4 kg、盐 0.25 kg，与豆饼磨碎，投喂 2 次/天，连喂 4 天，可防止暴发性出血病。

（2）每 50 kg 鱼，用 500～1 500 g 大蒜头捣碎拌入饵料，连喂 6 天，可防治细菌性肠炎。如果每 kg 饵料中再添加 0.25 kg 食盐，效果会更好。

（3）每 50 kg 鱼，用大蒜、大黄各 0.5 kg，加食盐 0.25 kg 制成药饵喂鱼，连用 7 天，防治肠炎、烂鳃病。

（4）每 100 kg 鱼每天用大蒜素 4～7 g，连续投喂 3～5 天，可防治鱼类细菌性肠炎病、烂鳃病、阿米巴原虫病、鳃真菌病和鲤鱼的一些细菌性病害。

（5）每天每 50 kg 鱼用大蒜 250～500 g、食盐 750 g，分别捣烂、溶解后拌饵，晾干后投喂，连喂 3～5 天，防治黄鳝肠炎病。

（6）每 50 kg 鱼，150 g 千里光、100 g 地榆、100 g 大蒜、100 g 仙鹤草，碾粉拌饵投喂，可防治肠炎病。

（7）每 50 kg 鱼，用鲜菖蒲 30 kg、马齿苋 2.5 kg、大蒜头 1.5 kg，切碎捣汁，加食盐 500 g，拌入饲料投喂，每天 1 次，连用 3 天，可防治肠炎。

（8）每天每 50 kg 鱼，用大蒜 1 kg，捣烂，加入 5 kg 米糠、500 g 面粉、500 g 食盐，搅拌均匀后投喂，连喂 5 天，防治草鱼烂鳃、肠炎、赤皮等并发症。

（9）大蒜晒干加水煎汁，以 10～30 g/m^3 浓度浸洗鱼体 1 h，可杀死锚头鳋，也可防治鲤鱼竖鳞病。

（10）每 20 kg 水中加入 2～3 ml 大蒜素浸洗鱼体，对治疗鲤鱼竖鳞病有效。

（11）50 kg 水体，用 0.25 kg 大蒜捣烂，浸浴病鱼数次，可治疗竖鳞病。

九、松针粉的应用

鸡日粮中添加松针粉可节省一半禽用维生素；蛋鸡可提高产蛋率 13.8%，且能加深蛋黄颜色；肉鸡可提高成活率 7%，在成年兔日粮中添加 1.5%～4%，缩短生长期，减少耗料量，降低饲料成本且肉质鲜美可口。

松针粉在畜禽饲料中的使用量一般为：猪牛羊类为 3%～5%，鸡鸭类为 3.5%～5.5%，水产类约为 4%。

十、中草药配方在水产动物养殖上的应用

水产养殖中常用的中草药按功能可分为以下几类：

抗细菌中草药：大黄、黄连、黄芩、五倍子、苦参、桉叶、乌桕、松针、地锦草、穿心莲等；

抗病毒中草药：大黄、黄连、黄芩、板蓝根、大青叶等；

抗寄生虫中草药：苦楝皮、石榴皮、松针、菖蒲等；

抗真菌中草药：菖蒲、苦参、白头翁等；

增强免疫功能中草药：黄芪、党参、当归、甘草、丹参等；

其他用途中草药：杜仲叶、苦参、山栀子可改善水产品肉质和增加鲜度。

中草药常用给药方法有口服法、泼洒法及药浴法 3 种。下面是利用中草药防治水产动物疾病的常用处方：

（一）防治细菌病

1. 内服

处方一：穿心莲、黄柏各 100 g，鱼腥草 200 g。

处方二：黄芩、鱼腥草各 200 g，黄柏 100 g。

处方三：柴胡 100 g，黄连、甘草各 50 g。以上为 100 kg 鱼体重每天用药量（预防用量为 20%），5～7 天为 1 个疗程。

2. 外用

处方一：大黄、五倍子各 2 kg/亩。

处方二：五倍子 2 kg/亩，黄芩、黄柏各 1 kg/亩。

处方三：黄连、大黄、黄芩各 1 kg/亩。隔日进行 1 次，重复用药 2～3 次。

（二）防治病毒病

1. 内服

处方一：板蓝根 300 g，穿心莲 200 g。

处方二：大黄 200 g，黄柏 120 g，黄芩 80 g。以上为 100 kg 鱼体重每天用药量（预防用量为 20%），3～5 天为 1 个疗程。

2. 外用

处方一：苦楝皮、菖蒲各 2 kg/亩。

处方二：大黄、黄柏、黄芩按 5∶3∶2 的比例制成三合剂，用量 2 kg/亩。

（三）防治寄生虫病

1. 内服

处方一：仙鹤草 200 g，板蓝根 300 g。

处方二：苦楝皮 300 g。以上为 100 kg 鱼体重每天用药量（预防用量为 20%），6～7 天为 1 个疗程。

2. 外用

处方：苦楝皮 2 kg/亩，菖蒲 1 kg/亩。

（四）防治肝胆综合征

1. 内服

处方：当归 200 g，丹参、山楂各 200 g。以上为 100 kg 鱼体重每天用药量（预防用量为20%），6～7天为1个疗程。

2. 外用

处方：大黄、黄柏、黄芩按5∶3∶2的比例制成三合剂，用量2 kg/亩。

十一、天然沸石在水产动物生产中的应用

天然沸石含有水产动物生长发育所需的全部常量元素和大部分微量元素。这些元素都以离子状态存在，能被水产动物所利用。此外沸石还具净化水质，缓解转水现象。吸氨值是沸石粉的一个重要质量指标。合格的沸石粉吸氨值一般都大于100 mg当量/100 g。鱼池每亩每米水深使用沸石粉25～50 kg，可起到除去水中95%氨氮，净化水质增加溶氧的作用，同时提高水体总碱度，稳定水质。既是铵和其他金属离子的高效离子交换剂，又是氨、硫化氢、二氧化碳等高极性简单气体分子的强力吸附剂。利用沸石粉这一特性，定期向养殖水体中泼洒沸石粉，就可以起到去氢增氧的效果，同时可以增加水中微量元素的含量。

十二、稀土在动物养殖中的应用

在饲料中添加稀土，可以起到促进畜禽生长、减少死亡率、调节免疫反应等生理作用，随着对稀土研究的深入，其在畜牧生产中的应用必将发挥积极的作用。

有机稀土饲料添加剂饲喂仔猪，平均日增重0.48 kg，差异显著，饲料转化率提高11.97%。猪日粮中添加0.2%的氨基酸稀土螯合物，猪的生长速度与添加0.15% Lys无显著差异，经济效益优于添加0.15% Lys组，每kg增重可降低成本0.35元，少耗Lys4.4 g，少耗蛋白质27.5 g，少耗饲料0.14 kg。

在种鸡日粮中添加100 mg/kg有机稀土，产蛋率提高

3.4%，料蛋比降低，受精率、出雏率明显提高，死淘率降低。添加 120 mg/kg 有机稀土，总产蛋量提高 8.18%，产蛋率提高 6.41%。

在肉鸡饲料中添加 50 mg/kg 稀土添加剂效果最好；在蛋鸡日粮中添加 0.01%、0.015%、0.02%的有机稀土，可以提高产蛋率 9.59%、5.72%、0.893%，以添加 0.01%的效果最好，产蛋高峰期延长 7 天。

十三、麦饭石在肉兔及水产动物生产中的应用

（1）对肉兔生产性能的影响。出生 50 天肉仔兔，麦饭石添加到精料中，可使肉兔增重提高 23.18%，饲料转化率提高 16.24%，每增重 1 kg 耗料 0.76 kg，降低了成本，肉兔外观毛色光亮、精神活泼、食欲增加、粪便正常、抗病力强。

（2）在养殖对虾的饲料中添加 5%的麦饭石，实验组对虾的身长、体重均显著高于对照组，增重最高达 30%，最低的也近 5%，平均为 16%，同时实验组虾子存活率也明显高于对照组。通过实验麦饭石添加量 5%比 10%效果好，在对虾饲料中的添加量，并非越多越好。

（3）在成鲤鱼饲料中添加 0.5%的麦饭石粉末，饲喂 140 天，出池结果：试验池比对照池个体平均增重 30 g，成活率和抗病力等方面也都高于对照组。试验池比对照池增产 50～70 kg，经济效益明显提高。

十四、凹凸棒石在水产动物生产及宠物饲养的应用

凹凸棒石作为吸附剂能很好地改善养殖和水体环境。吸附鱼塘中的氨离子，防水质污染，防腐臭。由于其比重轻，沉降速度慢，延长鱼的食用时间，饲料利用率高，储存期延长，外观光滑；能有效地吸除动物的大肠杆菌、肠道毒素，起到防疫治病、除虫杀菌的作用；吸附养殖场垫料和空气中的有害气体，研究报

道，40 g/m^2 的凹土可使气体中氨气的 100×10^{-9} 下降到 18×10^{-9}；而且在宠物垫土中的应用证明吸附粪便异味的能力很强，不易解散。大大地提高了动物的福利待遇。

参考文献

常景玲，等 . 2007. 天然生物活性物质及其制备技术［M］. 郑州：河南科学技术出版社 .

杜林，李亚娜 . 2005. 生物活性肽的功能与制备研究进度［J］. 中国食物与营养（8）：18 - 21.

李振，孟庆华 . 2004. 天然生物活性物质对家禽的免疫的影响［J］. 养禽与禽病防治（5）：6 - 7.

李八方 . 2007. 海洋生物活性物质［M］. 青岛：青岛海洋大学 .

刘建文，贾伟，等 . 2005. 生物资源中活性物质的开发与利用［M］. 北京：化学工业出版社 .

梁婧娴，徐亚欧 . 2011. 中草药饲料添加剂的研究进展［J］. 湖南饲料（5）：37 - 39.

唐传核，等 . 2005. 植物生物活性物质［M］. 北京：化学工业出版社 .

谢仲权，张军民，等 . 2009. 天然矿物饲料添加剂［M］. 北京：中国农业出版社 .

谢仲权，等 . 1996. 天然中草药饲料添加剂大全 .［M］. 北京：学苑出版社 .

徐怀德，等 . 2006. 天然产物提取工艺学［M］. 北京：中国轻工业出版社 .

徐任生，赵维民，叶阳，等 . 2012. 天然产物活性成分分离［M］. 北京：科学出版社 .

张骞，顾小卫，赵国琦 . 2009. 酵母培养物在反刍动物饲料中的应用［J］. 饲料工业（2）：4 - 6.

钟华 . 1999. 天然矿物质饲料添加剂在养猪生产上的应用［J］. 贵州畜牧兽医 . 23（3）：47.

图书在版编目（CIP）数据

天然活性物质在畜禽生产中的应用 / 陈俊杰，蒋林树，张良主编．—北京：中国农业出版社，2013.12
ISBN 978-7-109-18643-9

Ⅰ．①天…　Ⅱ．①陈…　②蒋…　③张…　Ⅲ．①生物活性-物质-应用-畜禽-饲养管理　Ⅳ．①S815

中国版本图书馆 CIP 数据核字（2013）第 282592 号

中国农业出版社出版
（北京市朝阳区农展馆北路 2 号）
（邮政编码 100125）
责任编辑　李文宾

中国农业出版社印刷厂印刷　　新华书店北京发行所发行
2014 年 3 月第 1 版　　2014 年 3 月北京第 1 次印刷

开本：850mm×1168mm 1/32　　印张：5.75
字数：150 千字
定价：16.80 元